Digitalstrategien erfolgreich entwickeln

Daniel R. A. Schallmo • Jochen Lohse

Digitalstrategien erfolgreich entwickeln

Grundlagen, Ansätze und Vorgehensweise

Springer Gabler

Daniel R. A. Schallmo
Institut für Entrepreneurship und Institut für Digitale Transformation
Hochschule Neu-Ulm
Neu-Ulm, Deutschland

Jochen Lohse
Hamburg, Deutschland

ISBN 978-3-658-31241-1 ISBN 978-3-658-31242-8 (eBook)
https://doi.org/10.1007/978-3-658-31242-8

Die Deutsche Nationalbibliothek verzeichnet diese Publikation in der Deutschen Nationalbibliografie; detaillierte bibliografische Daten sind im Internet über http://dnb.d-nb.de abrufbar.

Springer Gabler

Springer Gabler ist ein Imprint der eingetragenen Gesellschaft Springer Fachmedien Wiesbaden GmbH und ist ein Teil von Springer Nature.
Die Anschrift der Gesellschaft ist: Abraham-Lincoln-Str. 46, 65189 Wiesbaden, Germany

Für Katharina

Vorwort

Die Digitalisierung betrifft alle Lebensbereiche und hat in den letzten Jahren sowohl in der Praxis als auch in der Wissenschaft an Relevanz gewonnen. In diesem Zusammenhang ist für Unternehmen auch die Frage nach einer geeigneten Digitalstrategie in den Vordergrund gerückt. Aufbauend auf der Analyse der Unternehmensumwelt im digitalen Kontext, die sich an der Makro- und Mikro-Umwelt von Unternehmen orientiert, ist es möglich, eine zukunftsfähige Digitalstrategie zu entwickeln.

Digitalstrategie ist die ganzheitliche Ausrichtung von Digitalisierungsvorhaben in Unternehmen und Organisationen, um den digitalen Wandel zu antizipieren und mitzugestalten. Das mittel- und langfristige Ziel ist es, Wettbewerbsvorteile zu erhalten oder neu zu schaffen.

Aufbauend darauf erfolgt die Digitale Transformation von Geschäftsmodellen, die einzelne Geschäftsmodell-Elemente, das gesamte Geschäftsmodell, Wertschöpfungsketten sowie die Vernetzung unterschiedliche Akteure in einem Wertschöpfungsnetzwerk betrifft. Dabei dient die Digitale Transformation dazu, die Digitalstrategie in Geschäftsmodellen zu konkretisieren.

Wesentlich operativer setzt die Digitale Implementierung die Digitale Strategie um und unterstützt die Digitale Transformation eines Geschäftsmodells/mehrerer Geschäftsmodelle von Unternehmen.

Neben wesentlichen Grundlagen zur Digitalstrategie betrachten wir Fallstudien aus der Unternehmenspraxis und liefern Erkenntnisse zu Digitalstrategien aus der Wissenschaft und der Praxis. Ferner bieten wir eine Auswahl an bestehenden Ansätzen zur Digitalstrategie.

Darauf aufbauend, erarbeiten wir einen integrativen Ansatz zur Entwicklung einer Digitalstrategie mit sechs Phasen. Vier generische Digitalstrategien runden unsere Arbeit ab.

Die vorliegende Abhandlung bietet Praktikern aus den Bereichen Geschäftsleitung, Strategieplanung, Business-Development, Marketing und Vertrieb eine kompakte und praxiserprobte Hilfestellung für die erfolgreiche Entwicklung einer Digitalstrategie.

Ein besonderer Dank gilt meinem Vater, Manfred Schallmo, der als Germanist die Prüfung des Werks übernommen hat. Ferner danken wir dem Team von SpringerGabler, insbesondere Ann-Kristin Wiegmann, für die tatkräftige Unterstützung bei dem Werk.

Wissenschaftlern, Lehrenden und Studierenden aus den Bereichen Innovationsmanagement, Technologiemanagement, strategisches Management und Entrepreneurship bietet das Buch einen Einblick in die Thematik der Entwicklung von Digitalstrategien.

Allen Leserinnen und Lesern sei viel Freude und Erfolg bei der Arbeit im Kontext der Entwicklung von Digitalstrategien gewünscht.

Ulm, Deutschland
Herbst 2020

Daniel Schallmo
Jochen Lohse

Inhaltsverzeichnis

Angaben zu den Autoren

Prof. Dr. Daniel Schallmo Hochschule Neu-Ulm – Institut für Entrepreneurship und Institut für Digitale Transformation

daniel.schallmo@hnu.de

Dr. Daniel Schallmo ist Ökonom, Unternehmensberater und Autor zahlreicher Publikationen. Er ist Professor für Digitale Transformation und Entrepreneurship an der Hochschule Neu-Ulm, Leiter des Instituts für Entrepreneurship und Mitglied am Institut für Digitale Transformation. Zuvor war er Professor an der Hochschule Ulm. Daniel Schallmo ist Gründer und Gesellschafter der Dr. Schallmo & Team GmbH, die auf Beratung und Trainings spezialisiert ist (www.gemvini.de). Er ist ebenso Initiator der Digital Excellence Group, einer Plattform für Beratung, Trainings und Studien zu dem Thema der Digitalen Transformation.

Seine Arbeits- und Forschungsschwerpunkte sind im Kontext der Digitalisierung: die Messung des Digitalen Reifegrads, die Entwicklung von Digitalstrategien, die Digitale Transformation von Geschäftsmodellen und die Implementierung digitaler Initiativen. Dazu gehören z. B. die Führung im digitalen Zeitalter, Technologien und die Gestaltung von Organisationen.

Daniel Schallmo verfügt über mehrere Jahre Praxiserfahrung, die er in Unternehmen der verarbeitenden Industrie, des Handels, der Medien, der Unternehmensberatung und des Bauwesens gewonnen hat. Als Unternehmensberater unterstützt er DAX-Unternehmen und mittelständische Unternehmen bei der Beantwortung unterschiedlicher Fragestellungen. Er ist sowohl in der Managementausbildung als auch in Bachelor- und Masterstudiengängen für die Themengebiete Design Thinking, Strategie-, Geschäftsmodell-, Prozess- und Innovationsmanagement sowie Digitale Transformation als Dozent tätig und war Gastprofessor an der Deutschen Universität in Kairo, Ägypten. Seine Methoden, insbesondere die Innovation von Geschäftsmodellen, wurden bereits über 200-mal über 10.000 Teilnehmerinnen und Teilnehmern; dazu zählen auch Konferenzteilnahmen und Vorträge (>100).

Daniel Schallmo ist Herausgeber der Springer-Fachbuchreihe mit dem Schwerpunkt „Business Model Innovation“ und des Open Journal of Business Model Innovation (OJBMI). Er ist Autor zahlreicher Publikationen (Bücher und Artikel; insg. >50) und Mitglied in Forschungsgesellschaften (u. a. Academy of Marketing Science, American Marketing Association, European Marketing Academy). Zudem ist er für wissenschaftliche Zeitschriften bzw. Forschungsgesellschaften als Gutachter tätig (z. B. Journal of Strategic Marketing, Business Process Management Journal, European Academy of Management, European Marketing Academy). Er ist Mitglied des wissenschaftlichen Beirats der International Society for Professional Innovation Management (ISPIM) und Mitglied des Herausgeberrats des Journal of Investment and Management (JIM).

Dipl. Wirt.-Ing. (FH), MBA Jochen Lohse Hoppe Marine GmbH – Digital Strategy

lohse.jochen@gmail.com

Jochen Lohse ist im Bereich Digital Strategy verantwortlich für die strategische Neuausrichtung der Firma Hoppe Marine. Als Managementberater für aktuelle Trends, Moderator in Innovationsworkshops und als Projektleiter konkreter Digitalisierungsinitiativen beschäftigt er sich aus unterschiedlichen Perspektiven mit der Geschäftsmodell-/Organisations- und Kulturentwicklung des Unternehmens.

Zuvor war Jochen Lohse in den Bereichen Prozessoptimierung und Reporting/BI tätig. Neben der Leitung interner Optimierungsprojekte verantwortete er Analysen und Weiterentwicklungen unterschiedlicher Prozessabläufe sowie den Aufbau und das Controlling von Unternehmenskennzahlen.

Nach seinem Abschluss zum Dipl.-Wirt.-Ing. Maschinenbau (FH) an der Hochschule Kempten führte er seine akademische Ausbildung an der Nordakademie Graduate School in Hamburg fort und absolvierte dort das Studium zum Master of Business Administration (MBA). Im Rahmen seiner wissenschaftlichen Arbeiten setzte sich Jochen Lohse durch theoretische und praktische Recherchen mit der Digitalisierung von Wertanalyseprojekten sowie dem Vorgehen bei Digitalstrategien auseinander. Zusammen mit Daniel Schallmo arbeitet er an aktuellen Erkenntnissen in Bezug auf die Entwicklung von Digitalstrategien und ist Koautor diverser Publikationen.

1 Einleitung

Die Digitalisierung hat in den letzten Jahren sowohl in der Praxis als auch in der Wissenschaft an Relevanz gewonnen. In diesem Zusammenhang ist auch das Thema der Digitalstrategie in den Vordergrund gerückt. Im Rahmen des vorliegenden Buches stellen wir den Status quo zu Digitalstrategien anhand unterschiedlicher Quellen dar und erarbeiten einen integrativen Ansatz zur Entwicklung von Digitalstrategien.

Was Sie in diesem Buch finden können:

- eine kompakte und praxisrelevante Hilfestellung für die Entwicklung einer Digitalstrategie
- wesentliche Grundlagen zur Digitalstrategie
- Fallstudien zu Digitalstrategien aus der Unternehmenspraxis
- Erkenntnisse zu Digitalstrategien aus der Wissenschaft und der Praxis
- eine Auswahl an bestehenden Ansätzen zur Digitalstrategie
- einen integrativen Ansatz zur Entwicklung einer Digitalstrategie mit sechs Phasen
- vier generische Digitalstrategien: Product Provider, Service Provider, Product Platform Operator und Service Platform Operator.

D. R. A. Schallmo, J. Lohse, *Digitalstrategien erfolgreich entwickeln*,
https://doi.org/10.1007/978-3-658-31242-8_1

In Kapitel zwei wird der Begriff der „Digitalstrategie“ kurz erläutert, um ein einheitliches Verständnis aufzubauen. Dabei werden bestehende Definitionen aufgeführt, miteinander verglichen und drauf aufbauend eine eigene Definition aufgezeigt. Zusätzlich wird der Zusammenhang zwischen Digitalstrategie und Unternehmensstrategie dargestellt und die Digitalstrategie wird in den Gesamtkontext der Digitalisierung eingeordnet.

In Kapitel drei zeigen wir sechs Fallstudien aus unterschiedlichen Branchen zur Entwicklung einer Digitalstrategie auf, die wir anschließend miteinander vergleichen. Das Kapitel vier beinhaltet Interviews mit Wissenschaftlern und Unternehmensberatern, um Erkenntnisse aus Wissenschaft und Praxis zu gewinnen.

In Kapitel fünf werden acht Ansätze zur Entwicklung einer Digitalstrategie anhand eines einheitlichen Beschreibungsrasters beschrieben. Diese Ansätze werden anschließend gegenübergestellt, um somit Überschneidungen und Abweichungen zu identifizieren.

In Kapitel sechs wird auf Basis der vorherigen Kapitel ein integrativer Ansatz zur Entwicklung von Digitalstrategien erarbeitet. Der Ansatz wird anhand seiner einzelnen Phasen detailliert erläutert und in einem Vorgehensmodell zusammengefasst. Die einzelnen Phasen des integrativen Ansatzes sind: strategische Analyse extern, Entwicklung von Szenarien, strategische Analyse intern, Formulierung strategisches Leitbild, Ableitung strategische Optionen und Formulierung der Digitalstrategie.

Das siebte Kapitel beinhaltet die Darstellung von generischen Digitalstrategien, die als Optionen für Unternehmen dienen. Die strategischen Digitalstrategien sind: Product Provider, Service Provider, Product Platform Operator und Service Platform Operator. In Kapitel acht erfolgt schließlich eine Zusammenfassung der Ergebnisse.

Überblick über das Buch

Was das Buch beinhaltet

- Kurze Einführung in die Grundlagen der Digitalstrategie
- Fallstudien für die Entwicklung von Digitalstrategien
- Erkenntnisse aus Wissenschaft und Praxis zu Digitalstrategien
- Acht Bestehende Ansätze für die Digitalstrategie
- Integrativer Ansatz für die Digitalstrategie mit sechs Phasen
- Vier generische Digitalstrategien

An welche Leserinnen und Leser sich das Buch richtet

- Praktiker aus den Bereichen Geschäftsleitung, Strategieplanung, Business-Development, Marketing und Vertrieb
- Wissenschaftler, Lehrende und Studierende aus den Bereichen Innovationsmanagement, Technologiemanagement, strategisches Management und Entrepreneurship

Nutzen für die Leserinnen und Leser

- Praktikern bietet das Buch eine kompakte und praxiserprobte Hilfestellung bei der erfolgreichen Erarbeitung einer Digitalstrategie, um Potenziale innerhalb ihres Unternehmens zu identifizieren und zu heben.
- Wissenschaftlern, Lehrenden und Studierenden bietet das Buch einen Einblick in die Thematik der Digitalstrategie.

2

Grundlagen zur Digitalstrategie

Für den Begriff „Digitalstrategie" im betriebswirtschaftlichen Kontext besteht aktuell kein einheitliches Verständnis. Etymologisch lässt ich das Wort selbst auf die beiden Wortelemente „digital" bzw. „Digitalisierung" (für Definitionen siehe: Borucki 1985, S. 1; Heuermann et al. 2018, S. 9; Hippmann et al. 2018, S. 9; i-SCOOP 2017; Knoll und Strahinger 2017, S. 152; Schawel und Billing 2018, S. 105; Wolf und Strohschen 2018, S. 3) und „Unternehmensstrategie" (für Definitionen siehe: Andrews 1980, S. 18; Ansoff 1965, S. 118; Chandler 1962, S. 13; Drucker 1954, S. 17; Henderson 1989, S. 141; Hungenberg 2012, S. 6; Johnson et al. 2008, S. 3; Mintzberg 1979, S. 25; Porter 1996, S. 68; Steiner und Miner 1977, S. 19) zurückführen.

Anhand der Ausführungen innerhalb der aufgeführten Quellen kann bei der Digitalstrategie auf eine Unternehmensstrategie für Digitalisierungsvorhaben geschlossen werden. Die wesentlichen Kernpunkte der beiden Wortteile lassen sich auch in der Auswahl von Digitalstrategie-Definitionen wiederfinden (siehe Tab. 2.1).

Die Begrifflichkeiten „Digitalstrategie", „Digitalisierungsstrategie", „digitale Unternehmensstrategie" und „digitale Transformationsstrategie" sowie deren englische Übersetzungen werden oft als Synonyme genutzt.

D. R. A. Schallmo, J. Lohse, *Digitalstrategien erfolgreich entwickeln*,
https://doi.org/10.1007/978-3-658-31242-8_2

Tab. 2.1 Ausgewählte Definitionen im Kontext der Digitalstrategie

Quelle	Definition Digitalstrategie
Bharadwaj et al. 2013, **S. 471**	„Digital business strategy is organizational strategy formulated and executed by leveraging digital resources to create differential value."
Fraunhofer IAO 2016	„Eine Digitalstrategie fasst Ziele, Leitlinien und Kontrollstrukturen des digitalen Transformationsprozesses zusammen und fungiert als Klammer zur Koordination der verschiedenen Digitalisierungsaktivitäten. Die Digitalstrategie beinhaltet eine digitale Unternehmensvision und drückt die Ziele und Prioritäten der Geschäftsstrategie in Digitalisierungsvorhaben aus."
Hille et al. 2016, **S. 9 f.**	„[…] Digitalisierungsstrategie ist die dokumentierte Form der strategischen Bestandsaufnahme und Planung der Maßnahmen und Initiativen des jeweiligen Unternehmens."
Rauser 2016, **S. 1**	„[…] digital strategy refers to the strategy a company would apply to all of its digital initiatives. This includes the entire process: collecting all required information, planning, identifying risks and opportunities, maintaining your digital strategy, and creating substrategies such as your digital-marketing strategy."

In den Definitionen selbst, aber auch in anderen Veröffentlichungen, sind jedoch unterschiedliche Schwerpunkte und Einordnungen der Digitalstrategie erkennbar.

Um für die vorliegende Arbeit eine einheitliche Terminologie zu schaffen, definieren wir den Begriff der Digitalstrategie wie folgt:

Definition

Die Digitalstrategie ist die ganzheitliche Ausrichtung von Digitalisierungsvorhaben in Unternehmen und Organisationen, um den digitalen Wandel zu antizipieren und mitzugestalten. Das mittel- und langfristige Ziel ist es, Wettbewerbsvorteile zu erhalten oder neu zu schaffen.

Die Digitalstrategie wird anhand eines strukturierten Vorgehens entwickelt. Hierbei werden digitale Technologien und neue Methoden auf Produkte, Prozesse oder ganze Geschäftsmodelle angewendet, was den digitalen Reifegrad eines Unternehmens erhöht. Die Digitalstrategie hat folgende Bestandteile: Vision, Mission, strategische Ziele, strategische Erfolgsfaktoren, Werte sowie Projekte und Maßnahmen. Diese Bestandteile werden dabei immer im Kontext der Digitalisierung betrachtet.

Im Rahmen von Definitionen und bestehenden Ansätzen liegen für den Zusammenhang zwischen Digitalstrategie und Unternehmensstrategie unterschiedliche Sehweisen vor, die in Abb. 2.1 dargestellt sind.

Innerhalb des vorliegenden Buches verstehen wir die Digitalstrategie als Teil der Unternehmensstrategie bzw. setzen diese der Unternehmensstrategie gleich.

Nachdem wir in unterschiedlichen Beiträgen den Fokus auf die Digitale Transformation von Geschäftsmodellen gelegt haben (siehe Schallmo 2016, 2019; Schallmo und Rusnjak 2017; Schallmo und Williams 2017, 2018; Schallmo et al. 2017a, b, 2018a; Schallmo und Herbort 2017), betrachten wir in dem vorliegenden Buch das Thema der Digitalstrategie. In diesem Zusammenhang ist es sinnvoll, eine Einordnung der Digitalstrategie in den Gesamtkontext vorzunehmen.

Wir betrachten dabei neben der Digitalstrategie folgende drei wesentlichen Aspekte: Umfeld im digitalen Kontext, Digitale Transformation von Geschäftsmodellen und Digitale Implementierung, deren Zusammenhang in Abb. 2.2 dargestellt ist.

Umfeld im digitalen Kontext

Das Umfeld im digitalen Kontext orientiert sich an der Makro- und Mikro-Umwelt von Unternehmen. Die Makro-Umwelt beinhaltet folgende Dimensionen: politisch, wirtschaftlich, sozio-kulturell, technologisch, ökologisch und rechtlich. Die Mikro-Umwelt beinhaltet folgende Dimensionen: potenzielle Neueintritte, Rivalität unter Wettbewerbern, Substitutionsprodukte und -dienstleistungen, Verhandlungsmacht von

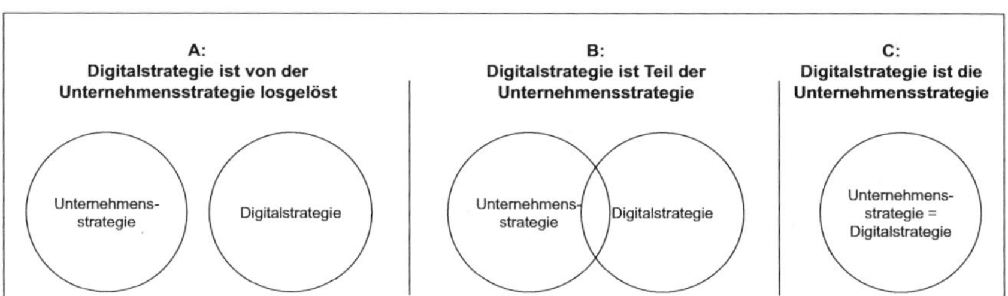

Abb. 2.1 Zusammenhang zwischen Digitalstrategie und Unternehmensstrategie (eigene Darstellung)

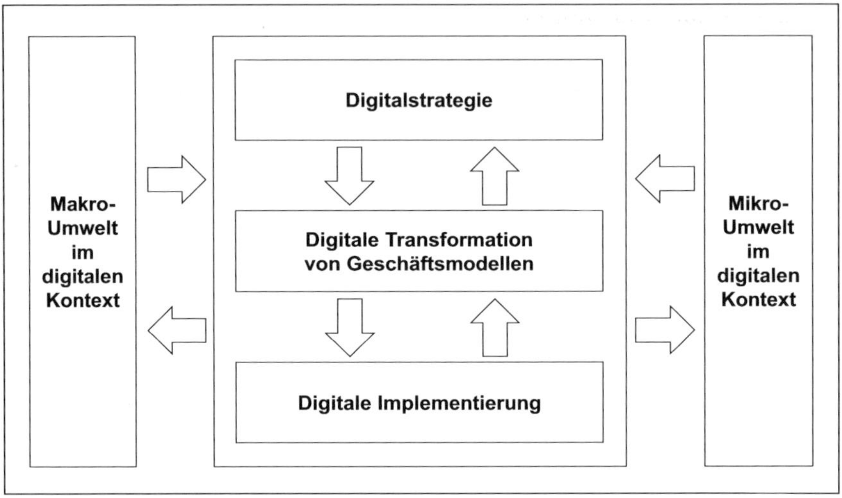

Abb. 2.2 Einordnung in den Kontext der Digitalisierung (Schallmo 2019, S. 34)

Abnehmern und Verhandlungsmacht von Lieferanten (in Anlehnung an: Schallmo 2019, S. 34).

Selbstverständlich spielt das allgemeine Umfeld von Unternehmen im Rahmen der strategischen Analyse und im Rahmen der Geschäftsmodell-Innovation eine Rolle. Das Umfeld im digitalen Kontext betrachtet allerdings die allgemeinen Einflussfaktoren der jeweiligen Dimensionen aus dem Blickwinkel der Digitalisierung.

Digitale Transformation von Geschäftsmodellen

Die Digitale Transformation von Geschäftsmodellen betrifft einzelne Geschäftsmodell-Elemente, das gesamte Geschäftsmodell, Wertschöpfungsketten sowie die Vernetzung unterschiedlicher Akteure in einem Wertschöpfungsnetzwerk. Dabei dient die Digitale Transformation dazu, die Digitalstrategie in Geschäftsmodellen zu konkretisieren. Sie erfolgt anhand eines Vorgehens mit einer Abfolge von Aufgaben und Entscheidungen, die in logischem und zeitlichem Zusammenhang zueinanderstehen.

Digitale Implementierung
Die Digitale Implementierung setzt die Digitale Strategie um und unterstützt die Digitale Transformation eines Geschäftsmodells/mehrerer Geschäftsmodelle von Unternehmen. Im Rahmen der Digitalen Implementierung sind die folgenden Bereiche relevant:

Technische Umsetzung
z. B. Einsatz von Sensorik, Aufbau von Datenbanken, Vernetzung von Komponenten.

Organisation
z. B. Festlegung von Strukturen und Verantwortlichkeiten, Aufbau von Abteilungen, Definition von Prozessen.

Fähigkeiten
z. B. IT-Know-How (Hardware-, Softwareanwendung/-entwicklung etc.), Einsatz von Tools zur Zusammenarbeit, Entwicklung von Kompetenzen für die Führung und für die Zusammenarbeit, Erlenen von Methoden.

Kultur
z. B. kulturelle Verankerung im Unternehmen, Sensibilisierung von Mitarbeitern, Kommunikation innerhalb des Unternehmens, Fehlerkultur.

3 Fallstudien zur Entwicklung einer Digitalstrategie

Im folgenden Kapitel werden Fallstudien für die Entwicklung einer Digitalstrategie aus der Unternehmenspraxis aufgezeigt. Hierfür wurden zehn Experten interviewt (siehe Tab. 3.1), deren Unternehmen sich sowohl in ihrer Branche, der Größe, ihrem Alter, dem Geschäftsmodell als auch in ihrer digitalen Reife bzw. dem Stand der Digitalstrategie unterscheiden. Für sechs der zehn Interviews liegt eine Freigabe vor, weshalb auch ausschließlich auf sechs Fallstudien eingegangen wird.

3.1 Beschreibungsraster für die Fallstudien

Um die Fallstudien vergleichen zu können, werden diese anhand eines einheitlichen Beschreibungsrasters dargestellt. Die Elemente und Fragestellungen leiten sich aus Interviewleitfragen ab und sind nachfolgend kurz erläutert.

D. R. A. Schallmo, J. Lohse, *Digitalstrategien erfolgreich entwickeln*,
https://doi.org/10.1007/978-3-658-31242-8_3

Tab. 3.1 Interviewübersicht für Fallstudien

Nr.	Position/Abteilung	Organisation
U1	Leiter Product Marketing/Strategic Business Development	PSI Automotive & Industry GmbH
U2	Chief Commercial Officer	Unternehmen für Finanzdienstleistungen
U3	Head of Digital Strategy	Zweites Deutsches Fernsehen (ZDF) AöR
U4	ehem. Director Digital Transformation	Unternehmen für Heiz-, Lüftungs-/ Energietechnik
F5	Leiter Globale IoT/I4.0 Projekte	Pepperl+Fuchs GmbH
U6	Head of Portfolio Management Digital Platforms	Siemens AG
U7	Referentin für Digitale Transformation/Digital Airport Experience	Flughafen Hamburg GmbH
U8	Director Digital Business Innovation/ Digital Transformation	Schaeffler Technologies AG & Co. KG
U9	Geschäftsführender Inhaber	Unternehmen für Friseurdienstleistungen
U10	Vice President Business Development & Innovation Management	Unternehmen für Finanzdienstleistungen

Verständnis und Einordnung
Was wird im Unternehmen unter Digitalstrategie verstanden? Wie ist die Digitalstrategie in Bezug auf die Unternehmensstrategie eingeordnet und welchen Fokus bzw. Schwerpunkt hat sie?

Erfolgsfaktoren und Verankerung
Was sind die entscheidenden Erfolgsfaktoren der Digitalstrategie? Wie ist diese organisatorisch und kulturell verankert?

Vorgehensmodell
Welche Phasen und Aktivitäten wurden bzw. werden bei der Entwicklung und Umsetzung der Digitalstrategie des Unternehmens durchlaufen und dabei in welcher Reihenfolge ausgeführt? Welche Techniken kamen bzw. kommen dabei zum Einsatz?

Güte und Reifegrad
Wie wird der aktuelle Stand der Digitalstrategie vom Unternehmen bewertet und welche konkreten Ergebnisse konnten bereits erzielt werden? Für wie ausgereift hält das Unternehmen die eigene Digitalstrategie?

3.2 Analyse der Fallstudien

3.2.1 PSI Automotive & Industry GmbH

Verständnis und Einordnung
Da die Produkte und Dienstleistungen bei PSI bereits von Natur aus digital sind (Software, Hardware etc.), konzentriert sich die eigene Digitalstrategie darauf, kollaboratives Arbeiten innerhalb des Unternehmens und mit den Kunden zu vereinfachen sowie interne Prozesse zu automatisieren, um Aufwände zu reduzieren.

Sie stellt dabei eine wesentliche Unterstützung der allgemeinen Unternehmensstrategie dar. Die Entscheidung für eine unternehmensweite Expansionsstrategie und die Beschäftigung mit dafür geeigneten Mitteln kann als Motiv für die Digitalstrategie gesehen werden.

Erfolgsfaktoren und Verankerung
Digitalisierungsideen entstehen sowohl von außen (durch Kunden) als auch von innen (durch Fachbereiche) und werden über die Linienorganisation bis zur Geschäftsleitung weitergegeben und koordiniert („Bottom-Up"-Ansatz).

Durch die Initiierung von Maßnahmen aus den Fachabteilungen entstehen eine höhere Identifikation und Motivation, eine schnellere Verfolgung und eine abteilungsübergreifende Akzeptanz bei der Umsetzung. Allgemein spielt für den Erfolg der Digitalstrategie kollegialer Umgang eine entscheidende Rolle.

Vorgehensmodell

Nach der Ideengenerierung durch die Fachabteilung erfolgen die Bewertung, die Auswahl, die Priorisierung und die Weiter- bzw. Rückgabe an die Fachabteilung durch die Geschäftsleitung. Das erste Review durch die Prozessbeteiligten findet kurz nach Beginn der Umsetzung statt. Spezielle Techniken werden dabei nicht verwendet.

Güte und Reifegrad

Vor allem der für das Unternehmen passende „Bottom-Up"-Ansatz der Digitalstrategie wird als positiv bewertet. Der größte durch die Digitalstrategie entstandene Effekt ist eine höhere Geschwindigkeit in der Abwicklung von kaufmännischen und technischen Prozessen.

Trotzdem gibt es nach wie vor Bereiche mit Optimierungspotenzial (z. B. Angebotserstellung), bei der verstärkt auf die Nutzung vorhandener Daten, deren Analyse und Knowledgemanagement gesetzt werden soll.

3.2.2 Zweites Deutsches Fernsehen (ZDF) AöR

Verständnis und Einordnung

Die Digitalstrategie wird beim ZDF vorrangig als deren Antwort auf die gesellschaftlichen Veränderungen durch Digitalisierung gesehen. Durch verschiedene Auslöser (Aufkommen des linearen Fernsehens, Nutzung von Webseiten als Distributionsmedium, Breitbandausbau zur Veröffentlichung der ZDF Mediathek) wird sie bis heute stetig weiterentwickelt.

Auch wenn etwa dreiviertel der Unternehmensziele mit Digitalisierung zu tun haben, wird weiterhin zwischen Unternehmensstrategie und Digitalstrategie unterschieden. Letztere teilt sich wiederum auf in eine nach außen gerichtete Plattformstrategie (Distribution) und der nach innen gerichteten Digitalisierung der Herstellung. Die Technologien sind dabei zwar ähnlich, der Kontext ist allerdings verschieden.

Erfolgsfaktoren und Verankerung

Grundbedingungen für den Erfolg sind neben einer klar kommunizierten Unterstützung durch die Geschäftsleitung und der Wille bzw. die

Fähigkeiten der Mitarbeiter. Die organisatorische Verankerung erfolgte zunächst durch eigene Unternehmenseinheiten bzw. deren Bündelung in einer „Hauptredaktion Neue Medien". Parallele Strukturen waren irgendwann aber nicht mehr sinnvoll deshalb kam es zur Verteilung von digitalen Kompetenzen auf inhaltliche Zuständigkeiten über die normale Linienstruktur.

Die strategische Koordination liegt dabei beim Digitalbeauftragten und übergeordnet beim Intendanten. Ein kultureller Wandel wurde parallel zunächst durch neue Mitarbeiter und später durch eine starke Initiative für die Digitale Transformation durch Fortbildungen, Roadshow etc. herbeigeführt.

Vorgehensmodell

Das Strategieentwicklungsschema war anfangs klassisch linear. Mittlerweile durchläuft man die klassischen Phasen nur noch „im Kleinen", dafür aber iterativ. Ob geordnete oder chaotische Digitalstrategieentwicklung ist letztlich nicht so entscheidend wie Kontinuität, das Hinterfragen und Nachsteuern. Ein Strategiereview in größerem Umfang erfolgt zurzeit zwei bis drei mal im Jahr, ist aber stets von der aktuellen Unternehmenssituation abhängig.

Es herrscht eine sehr flexible, auf die Situation und Teilnehmer angepasste Nutzung von klassischen sowie modernen Techniken (Workshops, Fishbowl etc.). Wichtig ist dabei, möglichst viele Methoden zu kennen, diese aber nicht nur der Methodik wegen anzuwenden.

Güte und Reifegrad

Der Hauptnutzen der Digitalstrategie ist neben einer klaren, durchdachten und belastbaren Orientierung für das Unternehmen, die Förderung der Kommunikation. Dadurch steigt die Chance, latente aber vielleicht wichtige Themen im Unternehmen adäquat zu behandeln.

Im bundesweiten Kollegenvergleich ordnet sich das ZDF mit seiner Digitalstrategie nach Selbsteinschätzung im oberen Bereich und im europäischen Vergleich im oberen Mittelfeld ein.

3.2.3 Pepperl+Fuchs GmbH

Verständnis und Einordnung

Für Pepperl+Fuchs ist die Digitalstrategie eine Form, das Unternehmen durch digitale Methoden und Ansätze zu optimieren und neue Produkte und Geschäftsmodelle zu erschließen. Dabei wird als Anbieter von Sensorik das Thema Industrie 4.0 in der Digitalstrategie sowohl nach innen (eigene Effizienzsteigerung) als auch nach außen (Optimierung der Produkte und Dienstleistungen) verstanden. Die frühe Wahrnehmung und die daraus folgende Auseinandersetzung mit dem Thema entstammt aus der Mitwirkung der Geschäftsleitung in verschiedenen Gremien, wie z. B. Industrieverbänden.

Die ersten Phasen der Digitalstrategie wurden bereits durchlaufen und das Unternehmen verfolgt aktuell mehrere von der Digitalstrategie abgeleitete Projekte. Die (Weiter-)Entwicklung der Digital- und Unternehmensstrategie wird dabei parallel verfolgt.

Erfolgsfaktoren und Verankerung

Grundvoraussetzung ist, dass die Geschäftsführung komplett hinter der Digitalstrategie steht. Außerdem ist es wichtig, dass nicht das gesamte Unternehmen infrage gestellt wird. Es muss nicht alles digitalisiert werden. Die für die Digitalstrategie zuständige Gruppe IoT und Industrie 4.0 hat eine horizontale Querschnittsfunktion über die Geschäftseinheiten hinweg und berichtet direkt an die Geschäftsleitung.

Dabei werden die Digitalisierungsansätze sowohl ins Unternehmen getragen und koordiniert als auch von dort aufgenommen und weitergegeben. Außerdem existiert ein Startup im Unternehmen, welches für die Entwicklung von Softwaredienstleistungen noch schneller und agiler vorgehen kann. Eine erfolgreiche Partizipation der Linienmitarbeiter an den Projekten aus der Digitalstrategie wird neben einer starken Kommunikation durch die Geschäftsleitung auch durch gezielte Mitarbeiterauswahl anhand von Kriterien wie „Mindset" und freier Kapazität sichergestellt.

Vorgehensmodell

Es wurden bereits verschiedene Ansätze zur Vorgehensweise bei der Digitalstrategie ausprobiert und u. a. Methoden wie Design Thinking angewendet. Eine allgemeingültige Vorgabe der einzelnen Schritte ist nicht sinnvoll, nur muss das Vorgehen agil gestaltet werden.

Dabei liegt die Zeit zwischen kompletten Neuausrichtungen der Digitalstrategie trotzdem bei mindestens einem Jahr. Bei der Auswahl der Techniken werden sowohl klassische (SWOT, PESTEL, Porter's 5 Forces) als auch modernere Methoden berücksichtigt.

Güte und Reifegrad

Zumindest im Vergleich zu den bekannten Vorgehensweisen des Wettbewerbs wird die Eigene als durchaus erfolgreich und positiv gewertet. Intern wurden bereits logistische Abläufe durch digitale Technologien vereinfacht und effektiver gestaltet.

Nach außen konnten mit Hilfe des Startups neue Geschäftsmodelle erschlossen werden. Vor allem die Produktentwicklung muss künftig noch agiler gestaltet werden, um Anforderungen des Marktes schneller gerechtzuwerden.

3.2.4 Siemens AG

Verständnis und Einordnung

Bei der Digitalstrategie von Siemens geht es sowohl um die Verbesserung von internen Prozessen als auch um die Erweiterung des Leistungsportfolios. Als eines der drei Hauptthemen ist die Digitalisierung direkt in der übergeordneten Konzernstrategie (Elektrifizierung, Automatisierung, Digitalisierung) verankert, wobei deren konkrete Ausgestaltung in den einzelnen Business Units (BUs) erfolgt.

Erfolgsfaktoren und Verankerung

Die auf Konzernebene nachhaltig geforderte und geförderte Entwicklung von Digitalstrategien hat durch die Größe des Unternehmens und der enormen Bandbreite an verschiedenen zu bedienenden Märkten nur auf BU Ebene Sinn. Die Vorgehensweisen gestalten sich dort unterschiedlich und sind auch in ihren Formen unterschiedlich stark ausgeprägt. Dabei ist in den Strategieabteilungen beider Stufen die nötige Digitalisierungskompetenz entscheidend.

Ebenfalls wichtig ist das Bewusstsein darüber, dass Daten und deren Qualität einen entscheidenden Faktor darstellen und über unternehmensweite einheitliche Datenmodelle gesammelt und ausgewertet werden müssen. Als großer traditioneller Konzern mit „Brownfield-Charakter" ist das Thema Kulturwandel eine große Herausforderung aber gleich-zeitig Grundlage für den Erfolg der Digitalstrategie. Dabei sind Abteilungen wie Produktion oder Entwicklung bereits etwas fortgeschrittener als andere. Die unterschiedlichen „Mindsets" zusammenzubekommen ist dabei sehr wichtig, aber ein Balanceakt (interdisziplinäre Teams statt Abteilungsgrenzen). Um den Kulturwandel aktiv zu gestalten und nachhaltig zu verankern, gibt es ein breites Angebot an Trainingsprogrammen, bei denen agiles Arbeiten etc. geschult werden.

Vorgehensmodell

Bei der Strategieentwicklung der einzelnen BUs werden oft die traditionellen Strategieschritte (Umfeldanalyse, Zieldefinition usw.) durchlaufen und dabei klassische Techniken (Porter's 5 Forces etc.) angewendet. Trotzdem könnten dort künftig auch agilere Ansätze Einzug halten. Der Stand zu Digitalisierungsmaßnahmen wird mindestens einmal jährlich der Konzernleitung vorgestellt, bewertet und nötigenfalls neu ausgerichtet.

Auch wenn sich die Zyklen hier verkürzt haben, wird nach wie vor ein gewisser Planungshorizont vorgegeben. In der Produktion und der Softwareentwicklung wird bei der Strategieumsetzung bereits auf agile Methoden gesetzt (Lean, DevOps, Scrum, Ticket-Systeme etc.), wobei in den anderen Abteilungen (z. B. Hardwareentwicklung, Produktmanagement) eher noch das „Wasserfall-Prinzip" vorherrscht.

Güte und Reifegrad

Für eine fundierte Beurteilung ist es aktuell noch zu früh, wobei als eines der erfolgsversprechenden Beispiele die Einführung konzernweiter Digitalisierungs-Plattformen genannt wird, auf denen die einzelnen BUs eigene digitale Applikationen entwickeln können.

In Zukunft müssen einzelne Digitalisierungsvorhaben, welche noch weitgehend losgelöst von der BU-Strategie durchgeführt werden, stärker in den Strategie-Kontext gesetzt werden, um effektiver neue Geschäftsmodelle entstehen zu lassen.

3.2.5 Flughafen Hamburg GmbH

Verständnis und Einordnung

Die Digitalstrategie des Flughafen Hamburgs ist die Zusammenführung von zuvor einzelnen Digitalisierungsaktionen und stellt dabei vor allem „den Passagier" mehr in den Mittelpunkt. Diese strategische Neuausrichtung und die Initiierung durch eine neue Geschäftsleitung waren die wesentlichen Auslöser für die Digitalstrategie, deren Entwicklung inkl. digitaler Vision seit nun etwa einem Jahr abgeschlossen ist.

Dies wurde maßgeblich durch die junge Abteilung „Digital Airport Experience" begleitet, welche heute für die Umsetzung der einzelnen Projekte verantwortlich ist. Die Digitalstrategie wurde aus den beiden zentralen Säulen der Unternehmensstrategie „Innovation" und „Technology" abgeleitet. Dabei überwiegt zwar zunächst der externe Fokus auf die Servicesteigerung für Passagiere, wobei künftig auch ganz neue Geschäftsmodelle und eine nach innen wirkende Optimierung durch effizientere Arbeitsweisen angestrebt werden.

Erfolgsfaktoren und Verankerung

Eine wichtige Erfolgskomponente stellt die Initiative durch die Überzeugung der neuen Geschäftsleitung dar. Der kulturelle Wandel spielt ebenfalls eine zentrale Rolle, welcher durch teilweise behördliche Strukturen des zur Hälfte staatlichen Betriebs und den hohen sicherheitstechnischen Auflagen nicht leicht herbeizuführen ist bzw. sein wird. Die parallele organisatorische Einordnung des Kernteams sowie deren Durchhaltevermögen und transparentes Arbeiten mit einer offenen Fehlerkultur sind weitere Erfolgsfaktoren der Digitalstrategie.

Das Kernteam wurde nach drei initiativen Workshops mit anfänglich externer Beratung für die Digitalstrategieentwicklung zusammengestellt und setzt mittlerweile mit Hilfe von Experten aus den Fachabteilung die ersten konkreten Projekte um. In den Linien gibt es einen Digitalkoordinator als Ansprechpartner, sodass jährlich Digitalisierungsideen von dort vorgestellt und nach oben weitergetragen werden können. Die zunehmende kulturelle Verankerung wird durch aktive Einbindung der Mitarbeiter und deren Abteilungsleitung über Roadshows etc. gewährleistet.

Vorgehensmodell
Bei der Strategieentwicklung, welche eher „Standpunktcharakter“ hatte, wurde klassisch vorgegangen (Analyse, Visionsentwicklung, Maßnahmen Backlog etc.). Eine Neuausrichtung ist erst in einigen Jahren angedacht. Die Umsetzung der Digitalisierungsprojekte wird durch den Einsatz von (Non-IT-) Scrum hingegen sehr agil gestaltet und durchläuft in kurzen Sprints iterative Schleifen.

Güte und Reifegrad
Obwohl die Maßnahmen bereits digital, aber noch nicht ausreichend innovativ sind, wird die Digitalstrategie im direkten Vergleich mit anderen vergleichbaren Flughäfen als gut eingeschätzt. Das erste konkrete Projekt für ein digitales Wegeleitsystem (mit Hilfe von Kundenstrom Messung etc.) wurde bereits fast komplett abgeschlossen.

Für eine Erfolgsmessung ist es allerdings noch zu früh. Als größte Herausforderung werden der kulturelle Wandel und das Arbeiten in unterschiedlichen Geschwindigkeiten innerhalb des Unternehmens gesehen.

3.2.6 Schaeffler Technologies AG & Co. KG

Verständnis und Einordnung
Unter Digitalstrategie versteht Schaeffler einen Transformationsprozess mit technologischen und menschlichen Aspekten, in dem Produkte, Prozesse, Services und Menschen im Mittelpunkt stehen. Sie ist eine der drei Kernthemen der übergeordneten Unternehmensstrategie: Digitalisierung, E-Mobility und Industrie 4.0 (Vernetzung von Systemen mit Fokus auf technische Aspekte).

Dabei werden Themen innerhalb wie außerhalb des Unternehmens abgedeckt (gesamtheitlicher Ansatz). Die Initiierung der Digitalstrategie fand vor knapp drei Jahren statt. Zunächst beschäftigte man sich hauptsächlich mit Strategieentwicklung und Konzeption, wobei sich das Unternehmen mittlerweile in der Umsetzungsphase sieht.

Erfolgsfaktoren und Verankerung
Die internen Erfolgsfaktoren sind: 1. Ängste nehmen und Vertrauen schaffen, dass mit der Digitalisierung Werte (monetär sowie Erleichte-

rungen im Arbeitsalltag) geschaffen werden, 2. Vertrauen nachvollziehbar gestalten und Erfolge offen kommunizieren (→ Transparenz), 3. langfristige Orientierung des Kulturwandels und 4. kontinuierliche Erweiterung von interner und externer Kompetenz gerade auch durch die jüngere Generation. Für den externen Erfolg muss in erster Linie der Nutzen der Digitalisierung am Kunden deutlich erkennbar gemacht werden, statt Technologien ohne konkreten Mehrwert einzuführen. Die Digitalstrategie wird international von etwa 100 Mitarbeitern unter der Führung eines Chief Digital Officers (CDO) vorangetrieben, welcher auf Vorstandsebene angesiedelt ist. Diese Abteilung ist als Stabsstelle eingeordnet und organisiert die aus der Digitalstrategie abgeleiteten Digitalisierungsprojekte mit interdisziplinären Teams und Verantwortlichen aus den verschiedensten Fachbereichen (→ verlängerter Arm). Sämtliche Werke (Profit Center) von Schaeffler werden als interne Kunden verstanden, bei denen Digitalisierungsprojekte realisiert werden.

Hierbei müssen immer Kosten/Nutzen abgewogen werden. Das Ziel ist, dass weltweit in allen Werken die genutzten Maschinen vernetzt werden, um eine ganzheitliche Transparenz der Fertigungsprozesse zu erhalten und Ansätze zur Steigerung der OEE (Overall Equipment Effectiveness) zu realisieren. Hierbei können einzelne Werke für Pilotanwendungen dienen, um dort Best Practices für Digitalisierungsprojekte anzustoßen. Diese Erfahrungen können wiederum für eine anschließende Anwendung bei internen oder externen Kunden genutzt werden. Der kulturelle Wandel muss durch die hohe Variantenvielfalt der Branchen, Produkte und Lösungen von Schaeffler gesamtheitlich angegangen werden, sodass der Change-Management-Prozess vom Gesellschafter bis zum einzelnen Shopfloor Mitarbeiter reicht. Verankert wird der Wandel durch auf die Digitalisierung spezialisierte Traineeprogramme und Schulungen mithilfe von Universitäten und anderen Partnern.

Vorgehensmodell

Die Strategiebildung erfolgt erst mal einmalig über Trend- und Marktumfeldanalysen, Herunterbrechen von „Megatrends" mit Bezug auf das Unternehmen als Automobilzulieferer, Szenarienbildung, Weiterentwicklung von User Experience (UX) etc. Die Digitalstrategie wird anschließend aber ständig überdacht und bei Fehlern oder Barrieren sukzessive angepasst. Dieser Ablauf muss sowohl einmalig, iterativ, sequenziell als auch parallel beherrscht werden. In der Umsetzungsphase durchlaufen Entwicklungsprojekte von digitalen Produkten Wellen und Schleifen und sind mit der Nutzung von Scrum Techniken etc. sehr agil.

Mit der Nutzung dieser Entwicklungsmethoden und der Umsetzung von sog. MVP's (Minimum Viable Products) können schnell Umsätze generiert und Kunden früher eingebunden werden. Auch wenn die Strategieumsetzung viel agiler gestaltet wird als die Entwicklungsphase, werden dort trotzdem Charakteristika von agilen Prozessen angewendet (Design Thinking etc.).

Güte und Reifegrad

Eines der konkreten Ergebnisse der Digitalstrategie ist die Erhöhung der Produktivität und Verfügbarkeit von Maschinen, beispielsweise durch Nutzung von Tools zur Zustandsüberwachung, womit die Wartungsintervalle von Maschinen planbarer und damit kosteneffizienter gestaltet werden. Dies wird über die Vernetzung von Maschinen und Sammlung bzw. Auswertung von Daten über Machine-Learning-Ansätzen realisiert.

Mit Hilfe weiterer Tools können zusätzliche Einsparungen durch die Minimierung von Produktionsausschüssen (Predictive Quality) erzielt werden. Durch die breite Streuung im Unternehmen und die Integration von Partnern, Kunden und Zulieferern sieht das Unternehmen seine Digitalstrategie als fortgeschritten an. Dabei wird es intern nach der Kommunikation der Strategie nun von der Kommunikation der Erfolge abhängen, während für die Kunden neue Produktthemen umgesetzt werden müssen.

3.2.7 Weitere Fallstudien

Neben den beschriebenen sechs Fallstudien wurden vier weitere Unternehmen zur Entwicklung von Digitalstrategien befragt. Hierunter befanden sich zwei Unternehmen für Finanzdienstleistungen (2018a, b), ein Unternehmen für Heiz-, Lüftungs- und Energietechnik (2018) sowie ein Unternehmen für Friseurdienstleistungen (2018)

Da hierfür keine Freigabe zur detaillierten Veröffentlichung vorliegt, werden nur die Ergebnisse mitaufgenommen und mit den anderen verglichen.

3.3 Vergleich der Fallstudien

Nach der Beschreibung der Fallstudien werden diese nun gegenübergestellt, um Überschneidungen und Abweichungen zu identifizieren. Die meistgenannten Inhalte sind in Tab. 3.2 aufgeführt. Eine detailliertere Übersicht der Ergebnisse ist im Anhang „Vergleichstabellen zu Fallstudien (detailliert)" abgebildet.

Vergleich von Verständnis und Einordnung

Die Mehrheit der befragten Unternehmen sieht in der Digitalstrategie eine Art gebündelte Reaktion auf die Digitalisierung von Gesellschaft und Technologie. In drei der Fallstudien reicht diese von einzelnen Initiativen bis zur Neugestaltung ganzer Geschäftsmodelle.

Außer in zwei Praxisfällen stellt die Digitalstrategie eine abgeleitete Teilstrategie der übergeordneten Unternehmensstrategie dar. In den restlichen zwei Fällen kommt es zur kompletten Gleichsetzung. Fünf Unternehmen verfolgen eine dynamische Einordnung, da sie den Anteil der Digitalstrategie an der Unternehmensstrategie vom digitalen Reifegrad abhängig machen und die Digitalstrategie nur während des Transformationsprozesses als sinnvoll erachten. Bis auf zwei Fallstudien sind sich alle einig, dass eine Digitalstrategie sowohl die Effizienzsteigerung des Unternehmens (interner Fokus) als auch die Wertsteigerung beim Kunden (externer Fokus) berücksichtigen sollte. Der Rest hat in der internen bzw. externen Ausrichtung Schwerpunkte.

Vergleich von Erfolgsfaktoren und Verankerungen

Der Meinung, dass Schnelligkeit und Einfachheit bei der Strategieentwicklung und -umsetzung vor Perfektion und Komplexität kommt, schließen sich zumindest drei Unternehmen an, wobei mit Ausnahme von drei Fällen vor allem eine überzeugte, kompetente und risikobereite Geschäftsleitung im Mittelpunkt steht. Die kulturelle Transformation

Tab. 3.2 Vergleichstabelle zu Fallstudien

		U1	U2	U3	U4	U5	U6	U7	U8	U9	U10
Verständnis/ Einordnung	Strategische Bündelung von Reaktionen auf die Digitalisierung von Gesellschaft und Technologie zur Erhaltung der Wettbewerbsfähigkeit			●	●	○		●	○	○	
	Ableitung von eigenständiger DS von US	●		○	●	●	●	●	●	●	
	Fokus sowohl „nach innen" (Operational Excellence) als auch „nach außen" (Customer Experience)		●	●	●	●	●	○	●	●	
Erfolgsfaktoren/ Verankerungen	Überzeugte Geschäftsleitung mit Kompetenz, Risikobereitschaft und vollem Commitment		●	●		●	●	●		●	●
	Kulturelle(r) Transformation und Wandel	○	●		●		●	●			○
	Er- und Bearbeitung der DS eher durch parallele und autonome Strukturen, Abteilungen, Plattformen, Startups etc.			○	●	●		●	●		●
	Er- und Bearbeitung der DS eher kontextuell und cross-funktional über vorhandene Linien-Organisation	○		●		●	●	○		●	
	Einsteuerung durch „Top-Down"-Ansatz		●		●	○	●	●		●	○
Vorgehensmodell	Anlehnung an klassischem Strategieentwicklungsprozess (Leitbild, Analyse, Strategieentwicklung, Umsetzung)	●	●	○	●		○	○	●	○	○
	Anwendung klassischer/statischer Techniken (SWOT, Porter's 5 Forces, PESTEL etc.) bei DS-Entwicklung		●	○	●	○	●	○		○	●
	Anwendung agiler und dynamischer Techniken (Design Thinking, Scrum etc.) bei DS-Umsetzung		●	○	●	○	●	●		●	●
	Agile, kontinuierliche und iterative Gestaltung der DS-Umsetzung	○	●	●	●		●	●	●	●	●

● erfüllt
○ teilweise erfüllt
nicht erfüllt

DS: Digitalstrategie
US: Unternehmensstrategie

liegt mit sechs Nennungen dicht dahinter. In drei Praxisfällen wird explizit ein ganzheitlicher Ansatz genannt, bei dem einzelne Aktivitäten- und Datensilos in Abteilungen vermieden werden sollen. Darüber hinaus sind weitere drei Unternehmen der Ansicht, dass Digitalisierung nicht zum Selbstzweck erfolgen sollte.

Das „richtige"/qualifizierte Team gehört bei drei der zehn Ansätze zu den kritischen Faktoren für die Digitalstrategie, welche durch die Aspekte Vertrauen und Unterstützung durch die Shareholder, Vertrauensbildung bei Mitarbeitern durch Reduktion von Ängsten sowie den richtigen Umgang mit neuen innovativen Wettbewerbern ergänzt werden, welche jeweils von einem Unternehmen aufgeführt werden.

Organisatorisch wird die Digitalstrategie in sieben der zehn betrachteten Unternehmen durch einen „Top-Down"-Ansatz verankert, wobei in vier Fällen (gleichzeitig) auch der „Bottom-Up"-Ansatz zum Einsatz kommt. Ob die Er- und Bearbeitung der Digitalstrategie dabei eher kontextuell und cross-funktional über die vorhandenen Linien oder doch durch parallele bzw. autonome Strukturen inkl. der Herausforderungen der späteren Überführung in das Kerngeschäft erfolgen soll, wird mit jeweils sechs Nennungen gleich stark und dadurch inhomogen beantwortet.

Drei Unternehmen führen zusätzlich das Vorantreiben der Aktivitäten direkt durch die Geschäftsführung auf. Eine bedingungslos überzeugte Geschäftsführung, welche die Mitarbeiter durch Vorleben motiviert, ist bei fünf Praxisbeispielen auch für die kulturelle Verankerung entscheidend. Gleich häufig wurden die Einbeziehung bzw. die gezielte Auswahl innovativer, unternehmerisch denkender Mitarbeiter und die Schulung in Technologie und Methodik erwähnt. Für drei weitere Unternehmen ist eine ausgeprägte Fehlerkultur (echtes „Trial-and-Error") sowie Transparenz bei Entscheidungen wichtig.

Vergleich von Vorgehensmodellen

Mit der Ausnahme von einer Fallstudie lehnen sich die Bestandteile der restlichen neun Vorgehensmodelle am klassischen Strategieentwicklungsprozess an und beinhalten Elemente aus einem strategischen Leitbild, einem Analyseteil, einer abgeleiteten Strategieentwicklung und deren anschließenden Umsetzung. Lediglich zwei Unternehmen orientieren sich am PDCA-Zyklus.

Für die Entwicklung ihrer Digitalstrategie setzen acht der zehn befragten Unternehmen nach wie vor auf klassische bzw. statische Techniken wie bspw. SWOT-Analysen, Porter's 5 Forces oder die PESTEL-Methode. Für eine effektive Umsetzung der Digitalstrategie setzen dieselben acht Unternehmen allerding auf agile bzw. dynamische Techniken (z. B. Design Thinking, Scrum).

Vier Unternehmen deuten einen sequenziellen Ablauf der Phasen an. Den Techniken entsprechend gestaltet sich bei ganzen neun der zehn Unternehmen vor allem die Digitalstrategie Umsetzung iterativ und in einem kontinuierlichen Kreislauf, wobei vier dieser Unternehmen dies auch für bereits innerhalb der Strategieentwicklungsphasen anstreben. Andere vier Unternehmen meinen, dass gerade bei einer sehr agilen Umsetzung die Zyklen der Strategieentwicklung länger (> 1 Jahr) sein sollten, um eine Planbarkeit bzw. ein Beständigkeit zu gewährleisten und eine Verunsicherung bei den Mitarbeitern zu vermeiden.

4

Erkenntnisse aus Wissenschaft und Praxis zur Entwicklung einer Digitalstrategie

Im Folgenden gilt es, Erkenntnisse zur Entwicklung einer Digitalstrategie aus der Wissenschaft und aus der Unternehmenspraxis einzubinden. Hierfür wurden sechs Forscher (F1–F6) und sieben Unternehmensberater (B1–B7) interviewt, die sich in ihrer wissenschaftlichen bzw. beratenden Funktion mit Digitalstrategien beschäftigen. Eine Übersicht der durchgeführten Interviews befindet sich in Tab. 4.1.

4.1 Beschreibungsraster für Erkenntnisse aus der Wissenschaft und der Praxis

Wie in den Fallstudien wurden die Interviews aufgrund vordefinierter Leitfragen durchgeführt. Darauf aufbauend, werden die Ergebnisse zur einheitlichen Beschreibung und dem einfacheren Vergleich nach einem einheitlichen Beschreibungsraster festgehalten. Die Elemente und Fragestellungen dieses Beschreibungsrasters sind mehrheitlich an den Bestandteilen einer Methode nach Hess und Brecht (1996, S. 4) angelehnt:

D. R. A. Schallmo, J. Lohse, *Digitalstrategien erfolgreich entwickeln*,
https://doi.org/10.1007/978-3-658-31242-8_4

Tab. 4.1 Interviewübersicht aus Wissenschaft und Praxis

Nr.	Position/Abteilung	Institution/Organisation
F1	Professor und Abteilungsleiter B2B-Marketing	Johannes-Kepler-Universität Linz
F2	Professor und Head of Media & IT Department	HSBA Hamburg School of Business Administration
F3	Professor für Digital Business & Strategic Innovation Management	Fachhochschule Flensburg
F4	Professor für allgemeine BWL und Controlling	Hochschule für Wirtschaft und Recht Berlin
F5	Professor und Direktor am „Institut Digitale Transformation"	Hochschule Neu-Ulm
F6	Professorin für Strategie und Innovation	Fachhochschule Oberösterreich
B1	Senior Consultant Innovation und Digitalisierung	Management Angels GmbH
B2	Leiter Digitale Strategien	Fraunhofer IAO e.V.
B3	Geschäftsführender Inhaber	Fiduiter Consulting
B4	Senior Manager	kobaltblau Management Consultants GmbH
B5	Industry Head, Bereich Retail	Beratung für Multichannel-Händler
B6	Partner Digital, Technology & Analytics	Oliver Wyman GmbH
B7	Associate Digital Transformation	Pricewaterhouse Coopers GmbH

Verständnis und Einordnung
Wie wird der Begriff Digitalstrategie verstanden? Wie ist die Digitalstrategie in Bezug auf die Unternehmensstrategie eingeordnet?

Erfolgsfaktoren und Verankerung
Was sind die entscheidenden Erfolgsfaktoren einer Digitalstrategie? Wie ist diese organisatorisch und kulturell verankert?

Vorgehensmodell
Aus welchen Phasen sollte ein Vorgehensmodell der Digitalstrategie bestehen und welche einzelnen Aktivitäten werden in welcher Reihenfolge ausgeführt?

Welche Techniken werden im Vorgehensmodell angewendet, um die Ergebnisse der einzelnen Phasen und Aktivitäten zu erzielen?

4.2 Zusammenfassungen von Experteninterviews aus Wissenschaft und Praxis

Die durchgeführten Experteninterviews werden einzeln zusammengefasst und deren Kernaussagen und Erkenntnisse herausgearbeitet.

4.2.1 F1 – Professor und Head of Media & IT Department, Johannes-Kepler-Universität Linz

Verständnis und Einordnung
Strategie im Allgemeinen ist nichts anderes als konsistentes Handeln (nach Minzberg) welches sich aus dem Geschäftsmodell ergibt. Sie ist demnach das schlüssige Setzen von Digitalisierungsmaßnahmen im Hinblick auf das Geschäftsmodell und ergibt sich automatisch durch dessen Digitalisierungsschwerpunkte.

Je nach Geschäftsmodell (z. B. Kostenführerschaft oder Customer Intimacy) ist auch die Strategie nach innen oder außen gerichtet, wobei durch die Digitalisierung diese „Value-Disziplinen“ diametral miteinander verbunden werden (gleichzeitig Kostenführerschaft und Customer Intimacy). Die kann zu völlig neuen Geschäftsmodellen führen.

Erfolgsfaktoren und Verankerung
Die meisten Unternehmen haben keine konsistente Digitalstrategie, da kein konsistentes Handeln vom Geschäftsmodell abgeleitet wird, sondern einzelne Initiativen verfolgt werden → „digitaler Aktionismus“. Wenn doch, scheitern diese oft am „Change“-Teil der organisatorischen Umsetzung. Wichtig ist ein Bewusstsein, mit welcher Technologie welche Zielsetzung verfolgt werden sollte.

Die Geschäftsführung muss über die notwendige Kompetenz verfügen und die Digitalstrategie vorantreiben. Kultureller Wandel kann ebenfalls nur von oben vorangetrieben werden.

Vorgehensmodell
Das Vorgehensmodell zur Entwicklung einer Digitalstrategie sollte folgende Phasen beinhalten:

- Festlegung des Geschäftsmodells
- Auswahl der passenden Informationstechnologie
- Auseinandersetzung mit aktuellen und benötigten Fähigkeiten zu Umsetzung
- einzelne IT-Projekte (erst zum Schluss).

Dabei existiert keine sequenzielle Abfolge der Phasen im Vorgehen, sondern kontinuierliches agiles Handeln.

Zur Durchführung der einzelnen Phasen bieten sich folgende Techniken an:

- Business Model Analyzer (Value-Disziplinen etc.)
- IT GAP-Analysen zur Ausrichtung der IT am Geschäftsmodell
- Techniken des Change-Managements
- agile Techniken.

4.2.2 F2 – Professor und Head of Media & IT Department, HSBA Hamburg School of Business Administration

Verständnis und Einordnung
Akademisches Begriffsverständnis: Thema der Digitalisierung von Prozessen über Ansätze neuer digitaler Geschäftsmodelle bis zur kompletten Disruption des vorhandenen Geschäftsmodells. Unternehmen konzentrieren sich aber vielleicht nur auf einzelne Teilaspekte.

Die Digitalstrategie muss dabei Teil der Unternehmensstrategie sein und betrachtet in Vollständigkeit sowohl interne (Prozesse etc.) als auch externe (Kunden, Märkte etc.) Aspekte. Es gibt zwar unterschiedliche Zeitrahmen, früher oder später wird eine Digitalstrategie aber für jedes Unternehmen wichtig.

Erfolgsfaktoren und Verankerung

Fatal ist eine Reduzierung von Digitalisierung auf eine Summe an Technologien statt der Wahrnehmung des fundamentalen Wandels. Auch fehlendes bzw. falsches Personal (z. B. durch veraltete Ausbildung) gefährden den Erfolg einer Digitalstrategie sowie die Konzentration auf ein lineares statt auf ein exponentielles Wachstum.

Es gibt keine alleinige ideale Organisationsstruktur für alle Unternehmen. Größere Unternehmen schaffen es oft eher durch parallele digitale Strukturen, kleine Unternehmen eher kontextuell über alle Mitarbeiter. Trotzdem muss die Spitze des Unternehmens immer mit eingebunden sein und durch diese müssen die Vision klar kommuniziert und die Mission angeführt werden. Es empfiehlt sich generell ein höherer Anteil an forschenden, innovativen und unternehmerisch denkenden Mitarbeitern (mehr „exploration“ als „exploitation“).

Vorgehensmodell

Die Phasen des Vorgehensmodell zur Entwicklung einer Digitalstrategie sind zwar unternehmensindividuell, orientieren sich aber an den klassischen Phasen der Strategieentwicklung.

Sowohl bei der Entwicklung als auch bei der Umsetzung müssen mehrere Iterationen durchlaufen werden. Wie viele, hängt vom Umfang der Strategie ab. Die Digitalstrategie sollte je nach Markt- und Produktentwicklungssituation mittel- bis längerfristig Bestand haben und erst nach ein paar Jahren neuausgerichtet werden

Die Auswahl an Techniken ist wie die Gestaltung der einzelnen Phasen unternehmensspezifisch.

4.2.3 F3 – Professor für Digital Business & Strategic Innovation Management, Fachhochschule Flensburg

Verständnis und Einordnung

Die Digitale Transformation ist nichts unternehmensspezifisches, sondern eine Begleiterscheinung in der Wirtschaft und Gesellschaft, auf die

Unternehmen zielgerichtet mit einer Digitalisierungsstrategie oder „digitalen Komponenten“ in ihren Teilstrategien reagieren müssen.

Aus der Unternehmensstrategie leiten sich mehrere Teilstrategien ab, z. B. Vertriebs-, Kunden-, Innovations- sowie HR-Strategie und evtl. auch eine Digitalisierungsstrategie. Digitalisierung kann somit als wichtiges bzw. zentrales Element auch in den Teilstrategien formuliert werden, sodass Unternehmen auf die explizite Formulierung einer Digitalisierungsstrategie verzichten. Insgesamt wird die übergeordnete Unternehmensstrategie allerdings nie vollkommen ersetzt werden.

Erfolgsfaktoren und Verankerung

Viele Unternehmen verfallen bei der Digitalisierung in punktuelle Einzelprogramme, die toolgetrieben sind, statt diese aus der Unternehmensstrategie abzuleiten (starke Ergebnisorientierung). Dabei ist die Ursachenbekämpfung aber wichtiger als Problembekämpfung. Entscheidend sind das Verständnis für die aktuelle Unternehmenssituation und das richtige Gefühl für die anstehenden Entwicklungen (Auswirkungen der digitalen Transformation in der Gesellschaft, auf das eigene Unternehmen sowie auf Technologie Knowhow). Die eingesetzten Technologien müssen letztlich zur Firmenkultur und den Fähigkeiten passen.

Die Digitalisierung sollte über eine Plattform im Unternehmen aufgebaut werden, in der experimentiert werden kann. Diese kann verschiedenartig realisiert werden:

- vorhandene Mitarbeiter aus anderen Abteilungen
- eigene Abteilungen
- Zukäufe
- Wertschöpfungsnetzwerke
- etc.

Die Anpassung der „Digitalisierung“ sollte dabei immer durch Lernen von internen Beispielen erfolgen („Use-Cases“ dürfen auch mal scheitern).

Vorgehensmodell
Das Vorgehensmodell zur Entwicklung einer Digitalstrategie sollte folgende Phasen beinhalten:

- Evaluieren (Geschäftsmodellanalyse, -assessment, -vision)
- Planen (Geschäftsmodell-Strategie(n), Geschäftsmodell-Design, Priorisierung und Roadmap)
- Gestaltung (Fähigkeiten und Organisation, Prozesse und Daten, Applikationen und Technologie)
- Optimieren (Performance Management, Benchmarking, kontinuierliche Verbesserung).

Es sollte zu einer „fließenden" Strategieentwicklung in Anlehnung an das VACINE-Paradigma (Hinssen 2015) kommen, und die Phasen sollten sequenziell durchlaufen werden.

Welche Techniken benutzt werden sollten, ist unternehmensindividuell. Sinnvoll ist eine Kombination aus klassischen Techniken (z. B. SWOT, Capability Maturity Model/Prozessreifegradmodell) und moderneren Techniken (z. B. Design Thinking, digitales Reifegradmodell etc.).

4.2.4 F4 – Professor für allgemeine BWL und Controlling, Hochschule für Wirtschaft und Recht Berlin

Verständnis und Einordnung
Eine Digitalstrategie ist die marktorientierte Ausrichtung des Unternehmens zur Schaffung von Wettbewerbsvorteilen durch Akzeptanz von technischen und kulturellen Herausforderungen und Möglichkeiten der Digitalisierung.

Die Digitalisierung ist in erster Linie immer kundenorientiert, sodass eine reine Fokussierung auf Automatisierung, Kosteneinsparung, Prozesssicherung etc. zu kurz gedacht wäre. Parallel hängt der Anteil der Digitalstrategie an der Unternehmensstrategie vom digitalen Reifegrad der Branche und dem Geschäftsmodell ab.

Erfolgsfaktoren und Verankerung
Der Kulturwandel stellt die größte Herausforderung dar und bestehende industrielle Paradigmen werden oft nur aufgefrischt. Die vorhandenen digitalen Kompetenzen der Mitarbeiter reichen allerdings oftmals aus, da diese im Alltag damit hinreichend in Berührung kommen.

Zwingend erforderlich ist die Integration der obersten Managementebene. Auch die Mitarbeiter sollten sowohl bei der Strategieentwicklung als auch bei der Umsetzung unbedingt einbezogen werden. Eine Auslagerung (Innovation Labs, Corporate Venturing etc.) ist dabei oft nicht zielführend, da strategisches Denken und Handeln nicht nur von einer Abteilung ausgehen darf. Welche organisatorische Form dabei am erfolgversprechendsten ist, kann aufgrund der noch zu geringen Erfahrung momentan noch nicht gesagt werden. Fest steht aber, dass Digitalisierung als partizipativer Prozess zu verstehen ist und marktwirtschaftliches und unternehmerisches Denken bei den Mitarbeitern einen elementaren Erfolgsfaktor darstellt.

Vorgehensmodell
Die Auswahl der einzelnen Strategieentwicklungsphasen ist nebensächlich.

Elementar jedoch ist das ständige Hinterfragen der Digitalstrategie. So sollte sowohl die Strategieentwicklung als auch deren Umsetzung in kurzen iterativen Zyklen durchlaufen werden. Dadurch können erfolglose Strategien schneller korrigiert werden („fail fast, fail cheap").

Zur Durchführung der einzelnen Phasen bieten sich folgende Techniken an:

- Scrum
- Design Thinking
- partizipative Workshops
- Gamestorming
- Ideenwände
- Interaktionsdesign
- sonstige agile Techniken.

4.2.5 F5 – Professor und Direktor am „Institut Digitale Transformation", Hochschule Neu-Ulm

Verständnis und Einordnung

Digitalstrategie ist eine Technik- bzw. Technologiestrategie, bei der es darum geht, disruptive Technologien im Unternehmen umzusetzen. Ziel ist die Digitalisierung des Unternehmens, der Produkte und Services, Kundenschnittstellen, Lieferantenschnittstellen und übergeordnet die Digitalisierung des Geschäftsmodells.

Unternehmen sollten einen ganzheitlicheren Ansatz mit internem wie externem Fokus verfolgen. Schwerpunkte sind dann unternehmensindividuell, wobei die Wettbewerbsfähigkeit in Zukunft eher von Geschäftsmodellen als von einzelnen Produkten und Services abhängt. Die Digitalstrategie ist eine Komponente der Unternehmensstrategie und wird diese nie in vollem Umfang ablösen. Diese Einschätzung basiert dabei auf der Analyse der Literatur als auch auf Erfahrungen aus Beratungsprojekten.

Erfolgsfaktoren und Verankerung

Je nach Größe und Branche des Unternehmens sind aktuelle Schwachstellen und Herausforderungen unterschiedlich gelagert. Allgemein fehlt oft ein grundsätzliches Verständnis für Chancen und Risiken von disruptiven Technologien und dem sich daraus ergebenden Handlungsbedarf. Das Defizit liegt hier in der Umsetzung, nicht in der Entwicklung von Konzepten. Wichtig ist stets die Übernahme der Verantwortung durch das Top-Management.

Bei der Umsetzung, aber auch teilweise bereits bei der Entwicklung der Digitalstrategie sollte sowohl ein „Top-Down"-Ansatz als auch ein „Bottom-Up"-Ansatz verfolgt werden. Grundlage ist hierbei das klassische Change-Management in Kombination mit Innovationsmethoden für die Softwareentwicklung. Dabei können Mitarbeiterschulungen in Bezug auf Technologie sowie Methodik weiterhelfen.

Vorgehensmodell

Die Phasen im Vorgehensmodell einer Digitalstrategie sollten sich an der klassischen Strategieentwicklung orientieren.

Der Abstand zwischen Neuausrichtungen der Digitalstrategie (Strategiedauer) ist branchenabhängig und reicht von wenigen Monaten bis zu mehreren Jahren.

Während der Strategieentwicklung haben klassische Methoden ihre Berechtigung. Bei der Strategieumsetzung und Produkt- und Serviceentwicklung sollten dagegen agile Methoden angewendet werden (Scrum, Design Thinking etc.).

4.2.6 F6 – Professorin für Strategie und Innovation, Fachhochschule Oberösterreich

Verständnis und Einordnung

Die Digitalstrategie ist eine strategische Herangehensweise an Digitalisierungsvorhaben von Organisationen, die völlig neue Wettbewerbsvorteile kreieren oder auch erhalten können, indem digitale Technologien und Methoden für unterschiedliche Unternehmensprozesse, aber auch für neue Produkte oder ganze Geschäftsmodelle genutzt werden. Die Umsetzung ist dabei mindestens genauso wichtig wie die Entwicklung der Strategie und dadurch wesentlicher Bestandteil bei der Vorgehensweise.

Der Fokus sollte nicht nur nach innen (Effizienzsteigerung), sondern auch nach außen (Produkte etc.) und am Ende auch auf dem gesamten Geschäftsmodell liegen. Die Digitalstrategie sollte des Weiteren, entgegen der üblichen Praxis, direkt von der Unternehmensstrategie abgeleitet werden, auch um sicherzustellen, dass in den „richtigen" Bereichen digitalisiert wird (ist gerade bei sozialen Einrichtungen eine entscheidende Frage).

Erfolgsfaktoren und Verankerung

Entscheidend ist der Mut zur eigenen Digitalstrategie, auch wenn der Zugang zu ausgereiften, erfolgsversprechenden Modellen zur Entwicklung einer solchen noch nicht vorhanden ist. Wichtig ist die Wahrnehmung der kompletten Reichweite der Digitalisierung statt einer Konzentration auf Teilaspekte, wie z. B. die Prozessoptimierung. Absolut elementar für den Erfolg ist, nach der Zielfestlegung so schnell wie möglich ins „Tun" zu kommen.

Eine eingebundene, mitdiskutierende Geschäftsleitung sowie die Nutzung von digitalen Kompetenzen sind ebenfalls entscheidend. Kulturänderung entsteht in erster Linie durch Verhaltensänderung. Daher ist „Vorleben" ein zentraler Baustein für die Verankerung der Digitalstrategie. Es sollten am Anfang gerade intrinsisch motivierte Kollegen (jeglicher Hierarchie) eingebunden werden, damit schneller ein Veränderungsprozess in Gang kommt und Kritiker später leichter zu überzeugen sind.

Vorgehensmodell
Einzelne Aktivitäten der klassischen Strategieentwicklung haben nach wie vor Relevanz, auch wenn in Zukunft dort modernere Techniken Anwendung finden werden. Der Entwicklungsteil der Digitalstrategie, welcher eh von demjenigen abhängt, der für diese verantwortlich ist, spielt jedoch im Vergleich zum Umsetzungsteil eine untergeordnete Rolle.

Die Phasen und deren Abfolge sind dabei sehr unternehmensindividuell, wobei mindestens die Strategieumsetzung in interaktiven Zyklen durchlaufen werden sollte.

Für eine Gesamtstrategie werden Konzepte wie Porter's 5 Forces weiterhin benötigt, wobei auch die Techniken stark vom Hintergrund der dafür zuständigen Personen abhängt.

4.2.7 B1 – Senior Consultant Innovation und Digitalisierung, Management Angels GmbH

Verständnis und Einordnung
„Digitalisierung" alleine hat keine Aussagekraft, da diese völlig unterschiedlich verstanden und verwendet wird und nur mit der individuellen Erklärung zum Verständnis sinnvoll ist. Daher schafft eine allgemeine Definition des Begriffs „Digitalstrategie" keinen Mehrwert.

Der Umfang (von kleinen Initiativen bis zum gesamten Geschäftsmodell) sowie der Fokus (intern und extern) der Digitalstrategie wird komplett durch die Unternehmensstrategie definiert. Die Entwicklungsschritte und die zu stellenden Fragen sind in der Regel nahezu dieselben, wohingegen die jeweilige Strategie selbst und deren konkrete Umsetzungsschritte sehr individuell sind. Dabei gibt es auch gesunde, konstruktive Unternehmensstrategien, die keinerlei Digitalisierung benötigen.

Erfolgsfaktoren und Verankerung

Der grundsätzliche Handlungsbedarf wird oft unterschätzt, vor allem bei den Unternehmen, denen es (zu) gut geht. Wichtig ist die Mitnahme der ganzen Unternehmung statt einer Delegierung an Stabsstellen oder sogar die IT-Abteilung. Ein gutes Change-Management, insbesondere bei der Digitalisierung von Geschäftsmodellen, ist elementar für den Erfolg der Digitalstrategie.

Solange ein Unternehmen über klassische Linien organisiert ist, muss auch die Digitalstrategie über die Linien eingesteuert werden, statt parallel in einer extra Abteilung. Dabei hat eine Digitalstrategie eher Programm- als Projektcharakter. Wie bei sonstigen „Change-Vorhaben" hängt auch die kulturelle Verankerung der Digitalstrategie hauptsächlich von der organisatorischen Verankerung ab. Hierbei muss das Bewusstsein darüber vorhanden sein, dass digitale Geschäftsmodelle oft erst durch Kooperationen und Partnerschaften (→ horizontale Integration) ent-stehen.

Vorgehensmodell

Das Vorgehensmodell zur Entwicklung einer Digitalstrategie sollte sich an der Roadmap zur digitalen Transformation von Geschäftsmodellen (nach Schallmo und Rusnjak 2017) orientieren:

- Ist-Analyse (Digitale Realität)
- Zieldefinition (Digitale Ambition)
- Generierung von Handlungsoptionen (Digitale Potenziale)
- Bewertung und Auswahl der Handlungsoptionen (Digitaler Fit)
- Umsetzung (Digitale Implementierung).

Die Phasenabfolge kann sequenziell, parallel und interaktiv erfolgen. Wie die Unternehmensentwicklung im Allgemeinen muss auch die Digitalstrategie kontinuierlich weiterentwickelt werden.

Zur Durchführung der einzelnen Phasen bieten sich die Methoden der Roadmap zur digitalen Transformation von Geschäftsmodellen (nach Schallmo und Rusnjak 2017) an, darunter:

- Kundenprofile
- Best Practice
- Digitalradar
- Scoring-Tabelle zur Optionsbewertung.

4.2.8 B2 – Leiter Digitale Strategien, Fraunhofer IAO e.V.

Verständnis und Einordnung

Die Digitalstrategie ist als koordinative Klammer um einzelne Digitalisierungsinitiativen und -projekte zu verstehen, die dafür sorgt, dass Initiativen richtig priorisiert werden und den allgemeinen Unternehmenszielen dienen.

Bei der Digitalstrategie handelt es sich um die Umsetzung der Unternehmensstrategie mit digitalen Mitteln und diese muss aus dieser abgeleitet werden. Gleichzeitig sollte die entstandene Digitalstrategie die konventionelle Unternehmensstrategie ergänzen und befruchten. Jedes Unternehmen muss sich mit einer Form der Digitalstrategie auseinandersetzen, da es mit den gleichen Ressourcen und Kompetenzen auf die neuen Wettbewerbsbedingungen reagieren muss. Dabei muss sowohl der interne als auch der externe Fokus berücksichtigt werden, auch wenn der Schwerpunkt innerhalb der Strategie letztlich unterschiedlich ausfällt.

Erfolgsfaktoren und Verankerung

Eine fehlende Ernsthaftigkeit und das „Wegdeligieren“ vom Management statt eines klaren Bekenntnisses, einer Risikobereitschaft und des Erzeugens eines ganzheitlichen Verständnisses gefährden direkt den

Erfolg der Digitalstrategie. Als Mechanismus zur Erfolgskontrolle sollten „SMARTe" Ziele vorgegeben werden.

Es gibt unterschiedliche erfolgreiche Organisationsformen für die Steuerung der Digitalstrategie (z. B. CDO mit Team und Umsetzungskompetenz, CDO als Koordinator und Katalysator ohne Umsetzungskompetenz). Die IT-Leitung ist allerdings oft nicht die richtige Instanz hierfür. Eine gemeinsam getragene Roadmap ist essenzielle Voraussetzung für die erfolgreiche Umsetzung der Digitalstrategie im Unternehmen. Die breite Partizipation in Form eines „Bottom-Up"-Ansatzes spürt darüber hinaus Hemmnisse und Stolpersteine der „Top-Down" entwickelten Strategie auf.

Vorgehensmodell

Das Vorgehensmodell zur Entwicklung einer Digitalstrategie sollte folgende Phasen durchlaufen:

- Situationserfassung
- Zielbild-Entwicklung
- Definition von Handlungsempfehlungen aus Soll-Ist-Vergleich
- Abstimmung der Digitalstrategie der Unternehmensstrategie und evtl. Erweiterung dieser (inkl. Priorisierung, Roadmapping und Definition von Erfolgskennzahlen)
- Umsetzung sowohl mit als auch ohne beratende Unterstützung.

Diese Strategieentwicklung sollte alle 1–2 Jahre erfolgen, die Priorisierung der Handlungsoptionen sollte aber in kürzeren Abständen vorgenommen werden.

Zur Durchführung der einzelnen Phasen bieten sich folgende wissenschaftlich validierte Techniken an:

- Reifegradmodell zur Soll- bzw. Zielbildfestlegung unter Berücksichtigung von z. B. Strategie, Geschäftsmodell, Kundenbeziehungen, internen Prozessen, „Soll-Linie"
- qualitative Interviews zur Ermittlung einer „Ist-Linie"
- klassische Techniken angepasst je Branche (u. a. SWOT, Porter's 5 Forces, PESTEL)

- digitale Branchenstrukturanalyse
- Fraunhofer Business Model Patterns
- Workshops
- Balanced Scorecard.

4.2.9 B3 – Geschäftsführender Inhaber, Fiduiter Consulting

Verständnis und Einordnung

Die Digitalstrategie eines Unternehmens umfasst alle zielgerichteten Maßnahmen und Aktivitäten, die den Wandel innerhalb einer Organisation hin zu digitalen Prozessen und Lösungen sicherstellen. Im Kontext einer solchen Digitalstrategie ist eine systematisch geplante „Digitale Transformation" von besonderer Relevanz.

Eine Digitalstrategie ist der Unternehmensstrategie untergeordnet und muss von dieser abgeleitet werden, dabei orientiert sie sich fraglos sowohl nach innen wie auch nach außen.

Erfolgsfaktoren und Verankerung

Unternehmen fehlt oft das prinzipielle Verständnis von Digitalisierung. Diese wird oft zu „klein" gedacht und fast immer deutlich zu technisch. Kulturelle Fragen und Organisationsänderungen usw. dürfen hingegen nicht unterschätzt werden. Die große Bedeutung einer Digitalstrategie gilt mehr oder weniger für alle Branchen und Unternehmensformen. Lediglich die Reifegrade unterscheiden sich je Branche.

Die Verankerung muss auf oberster Managementebene (Vorstand, Geschäftsführung) erfolgen. Optimalerweise sollte die Besetzung eines für die Digitalisierung zuständigen CIO/CDO vorgesehen werden. Eine formale Verankerung hat häufig keinen Effekt, wenn diese nicht gleichzeitig von gelebter Realität und Verhaltensweisen flankiert wird (→ Verankerung durch Vorleben).

Vorgehensmodell

Das Vorgehensmodell zur Entwicklung einer Digitalstrategie sollte folgende Phasen durchlaufen:

- Ausgangslage sondieren/Business Understanding
- strategische Analyse/Data Understanding
- Strategieentwicklung
- Umsetzungsplanung
- Umsetzungskontrolle.

Das Vorgehensmodell muss ständig iterativ durchlaufen werden.

4.2.10 B4 – Senior Manager, kobaltblau Management Consultants GmbH

Verständnis und Einordnung
Die Digitalstrategie dient zur Bündelung digitaler Aktivitäten für die Optimierung von Kunden- und Lieferantenschnittstellen, Produkten und Services und von Geschäftsmodellen.

Sie wird i. d. R. von der Unternehmensstrategie abgeleitet. Beide sind nur in Einzelfällen (Uber, Airbnb, Google etc.) deckungsgleich. Der Fokus einer Digitalstrategie ist letztendlich zwar unternehmensindividuell, bei der Analyse müssen aber alle möglichen Schwerpunkte berücksichtigt werden.

Erfolgsfaktoren und Verankerung
Elementar ist ein Bewusstsein für die Tatsache, dass es sich um eine gemeinsame Anstrengung aus Fachbereichen und IT handelt und die Aktivitäten gesamtunternehmerische koordiniert werden müssen. Gerade bei älteren Unternehmen spielen der digitale Reifegrad bzw. die Fähigkeit zur digitalen Transformation eine zentrale Rolle.

Zur organisatorischen Verankerung kann die Schaffung einer für die Digitalstrategie verantwortlichen Rolle im Unternehmen sinnvoll sein. Wichtig hierfür ist ein gewisses unternehmerisches und technologisches Knowhow. Allgemein kann die Transformation nur mit einer vorhandenen Prozessreife und -stabilität funktionieren.

Vorgehensmodell
Das Vorgehensmodell zur Entwicklung einer Digitalstrategie sollte folgende Phasen durchlaufen:

- Ziele ableiten aus der Unternehmensstrategie
- Herunterbrechen der Ziele in ein Zielbild(-szenario)
- Ist-Zustand analysieren (interner Fokus auf Prozesse, Technologien, Knowhow)
- Abgleichen von Zielbild(-szenario) und Ist-Zustand
  - Option 1: Maßnahmen und Roadmap erstellen um Zielbild (-szenario) zu erreichen
  - Option 2: Zielbild(-szenario) korrigieren
- Maßnahmenumsetzung (liegt beim Unternehmen selber. Beratung eher nur für Maßnahmentracking).

Die Abfolge im Strategieentwicklungsprozess ist sequenziell und in längeren Zyklen zu wiederholen. Die Umsetzung des Maßnahmenbacklogs ist aber agil zu gestalten.

Zur Durchführung der einzelnen Phasen bieten sich folgende Techniken an:

- Reifegradmessung
- Workshops
- (teil-)strukturierte qualitative Interviews
- unternehmensindividuell auch klassische Strategieentwicklungstechniken.

4.2.11 B5 – Industry Head, Bereich Retail, Beratung für Multichannel-Händler

Verständnis und Einordnung
Die Digitalstrategie subsumiert alle Projekte und Prozesse die in einem Unternehmen angesteuert werden und dem Leitbild untergeordnet sind,

die digitale Transformation voranzutreiben. Oberstes Ziel nach innen ist die langfristige Wettbewerbsfähigkeit.

Im Optimalfall sind die Unternehmensstrategie und die Digitalstrategie ein und dasselbe. Sie sollte in erster Linie von den veränderten Kundenbedürfnissen abgeleitet werden. Die Optimierung der internen Prozesse etc. ergibt sich anschließend automatisch. Durch die Digitalstrategie ändert sich, wenn auch erst im Laufe der Zeit, in den meisten Fällen auch das Geschäftsmodell. Jedes Unternehmen sollte sich mit einer Form der Digitalstrategie auseinandersetzen, wenngleich nicht immer extern kundenbezogenen, sondern eher intern fokussiert.

Erfolgsfaktoren und Verankerung

Wichtig ist die Abschaffung von Silos im Unternehmen. Zum einen Silo- und Kostenstellendenken und zum anderen Daten-Silos (verschiedene Software und damit Fragmentierung von Informationen, statt Zusammenführung zur gezielten Auswertung). Außerdem sollte eine stark ausgeprägte Fehlerkultur etabliert werden, d. h. Fehler zugelassen werden („Lessons Learned" wirklich leben).

Vorangetrieben werden sollte die Digitalstrategie durch eine zentrale Stelle wie bspw. einem CDO mit Weisungsbefugnis inkl. Rückendeckung von höchster Management-Ebene. Zur kulturellen Verankerung ist eine Kultur des Teilens und der Offenheit in Bezug auf die Strategien (inkl. der Digitalstrategie) zur Motivation der Mitarbeiter entscheidend.

Vorgehensmodell

Das Vorgehensmodell ist je nach Unternehmen (Bedarf, Stand etc.) immer etwas anders und sollte nach dem „Baukastenprinzip" gestaltet werden. Häufige Elemente sind u. a. die Aufnahme des Status-Quo und das Ableiten von Handlungsempfehlungen.

Das Vorgehen ist dabei stets ein iterativer Entwicklungs- als auch Umsetzungsprozess mit parallelen Handlungssträngen.

Zur Durchführung der einzelnen Phasen bieten sich u. a. folgende Techniken an:

- Digitaler Reifegrad
- Branchen Benchmark
- Auswertungen zu Kunden- und Userverhalten.

4.2.12 B6 – Partner Digital, Technology & Analytics, Oliver Wyman GmbH

Verständnis und Einordnung

Die Digitalstrategie ist die Gegenüberstellung von digitaler Intention („Was“) und digitalen Fähigkeiten („Wie“) im Hinblick auf die digitale Evolution von Ökosystemen von Unternehmen.

Eine Unterscheidung zwischen Digitalstrategie und Unternehmensstrategie ist nur im Transformationsprozess sinnvoll. Am Ende muss die Unternehmensstrategie eine Digitalstrategie sein und stellt ein „New Normal“ dar. Effizienzsteigerung und Kundenorientierung gehen dabei Hand in Hand. Die dritte Intention ist die Risikoreduzierung durch schnellere und bessere Managemententscheidungen auf Basis von erhobenen und ausgewerteten Daten bzw. Informationen. Von den zu berücksichtigenden Trends ist kein Unternehmen ausgenommen, wobei manche die Transformation aufgrund ihrer Trägheit nicht meistern werden.

Erfolgsfaktoren und Verankerung

Zu den wichtigsten erfolgsrelevanten Faktoren zählen:

- Innovation
- Daten und deren Analyse
- Technologie
- Cyber-Security
- Organisation.

Eine Managementunterstützung und ein Managementsponsoring ist, wie bei anderen Paradigmenwechseln, ebenso entscheidend wie die ganzheitliche Herangehensweise von oben statt Delegation an einzelne Abteilungen. Das Strategieverständnis muss dabei völlig neu interpretiert werden. Innovationszyklen und Marktdisruptionen etc. sind viel zu schnell, um längerfristige Szenarien zu planen. Stattdessen ist es wichtig, Fähigkeiten(-portfolios) für jedes denkbare Szenario zu entwickeln.

Am erfolgversprechendsten für die organisatorische Verankerung sind einzelne autonome Organisationseinheiten. Im besten Fall einzelne kleine Startups mit eigenem Budget, die sich um deren jeweilige Bezugspunkte Kunde bzw. Personal und das entsprechende digitale Produkt kümmern. Gemessen wird anhand von kundenorientierten KPIs (z. B. Skalierung) statt anhand von Budgeterfüllung, allerdings auch nicht durch zu viele und eng kontrollierende Projektgremien etc. Bei negativer Entwicklung des Produktes bzw. Geschäftsmodells muss dann ein schneller Austausch durch ein neues erfolgen. Im Vergleich zu anderen Transformationen (z. B. Lean), muss bei der Digitalisierung nicht nur das Top-Management, sondern das gesamte Unternehmen überzeugt sein. Motivierte, frei und unternehmerisch denkende Mitarbeiter mit Startup-Kultur an der langen Leine eines voll überzeugten Vorstands haben das größte Potenzial.

Vorgehensmodell
Klassische Planungs- und Führungsprozesse wie auch der Standard-Strategieentwicklungsprozess mit „wasserfallartigen" Schritten sind mittlerweile Makulatur und nicht mehr zeitgemäß. Besser ist die iterative Schleife aus: Testen, Messen und Weiterverfolgen bzw. Abbrechen von einzelnen digitalen Produkten oder ganzen Geschäftsmodellen.

Bei der Durchführung der einzelnen Phasen haben die klassischen Frameworks (z. B. Porter's 5 Forces, BCG-Matrix) nach wie vor Relevanz und sind so allgemeingültig, dass sie auch bei einer Digitalstrategie funktionieren.

4.2.13 B7 – Associate Digital Transformation, PricewaterhouseCoopers GmbH

Verständnis und Einordnung
Unternehmen, die vor neue Herausforderungen gestellt sind, nutzen eine Digitalstrategie, um ihr Geschäftsmodell anzupassen. Diese Anpassungen beziehen sich nicht nur auf Technologien und Prozesse, sondern auch wesentlich auf kulturelle Aspekte, wie z. B. Nutzerverhalten.

Die Digitalstrategie ist keine separate Substrategie, sondern integraler Bestandteil der Unternehmensstrategie. Von ihr werden andere Substrategien (Vertriebs-/HR-Strategie etc.) abgeleitet. Dabei ist meistens das gesamte Geschäftsmodell zu berücksichtigen. Ein ausgeprägter Fokus auf nur eine intern oder extern orientierte Digitalisierung ist oft nicht nachhaltig bzw. auf Dauer nicht ausreichend.

Erfolgsfaktoren und Verankerung

Die Digitalstrategie darf nicht auf Technologien und Prozesse reduziert werden, vielmehr sollte ein gesamtheitlicher Ansatz verfolgt werden. Der interne kulturelle Wandel ist hier einer der entschiedensten Faktoren. Das „Mindset" der Geschäftsleitung ist vor allem deshalb wichtig, da eine Change-Bereitschaft „von oben bis unten" notwendig ist. Statt wie früher Produkte und/oder Dienstleistungen in den Markt zu „pushen", sind diese stärker auf Kundenbedürfnisse auszurichten (schnelle Produktentwicklung durch Erfahrung am Kunden führt zu einer ausgeprägteren Kundenzentrierung).

Zur Verankerung in der Organisation muss es einen klaren Verantwortlichen geben, welcher direkt der Geschäftsleitung unterstellt ist um die entsprechende Entscheidungsfreiheit und Wirkung im Unternehmen zu haben. Darunter bietet sich eine cross-funktionale Digitaleinheit an. Das Problem bei Inkubatoren und Acceleratoren ist, dass eine kulturelle und organisatorische Parallelwelt bzw. eine „Elfenbeinmentalität" entsteht, die später schwierig in das Kerngeschäft zu überführen ist. Wichtig ist die Minimierung von hierarchischem Denken, Regularien, Freigabeprozessen etc. Parallel ist eine offene Fehlerkultur zu etablieren und die Inhalte der Digitalstrategie sind stark im Unternehmen zu kommunizieren und damit transparent zu machen.

Vorgehensmodell

Wichtige Bestandteile zur Entwicklung einer Digitalstrategie sind:

- Marktumfeldanalysen
- Maßnahmendefinition zur Entwicklung von nötigen Fähigkeiten
- Umsetzung der Maßnahmen, um ein passendes Geschäftsmodell zu entwickeln.

Die Digitalstrategie muss wegen des sich immer schneller ändernden Marktumfelds durch iterative Abfolge der Entwicklungsbestandteile kontinuierlich angepasst werden. Erfolgreiche Startups haben bereits jetzt schon wieder neuere Konkurrenz. Eine hohe Agilität ist vor allem in der Umsetzungsphase relevant.

Zur Durchführung der einzelnen Phasen bieten sich folgende Techniken an:

- Design Thinking
- Entwicklung von „Minimal Viable Products“ (MVP)
- klassische Techniken wie Porter's 5 Forces, SWOT (meist während Analysephase, sonst kaum noch in Gebrauch).

4.3 Vergleich der Erkenntnisse aus Wissenschaft und Praxis

Die herausgearbeiteten Erkenntnisse aus der Wissenschaft und der Praxis werden nun gegenübergestellt, um Überschneidungen und Abweichungen zu identifizieren. Dabei werden angelehnt an das Beschreibungsraster die Verständnisse und die Einordnung der Digitalstrategie, deren Erfolgsfaktoren und Verankerungen sowie die verschiedenen Vorgehensmodelle miteinander verglichen. Die dabei am häufigsten genannten Aussagen sind in Tab. 4.2 bzw. Tab. 4.3 aufgelistet, wobei eine ausführliche Darstellung aller Inhalte im Anhang „Vergleichstabellen zu Erkenntnissen aus Wissenschaft und Praxis (detailliert)“ einzusehen ist.

Vergleich von Verständnis und Einordnung
Die meisten Experten sehen in der Digitalstrategie eine abgeleitete Teilstrategie der Unternehmensstrategie. Außer in einem Interview wurde bestätigt, dass der Fokus auf sowohl „Operational Excellence“ (OP-EX) als auch auf der „Customer Experience“ (CU-EX) liegen sollte.

Das Erkennen des digitalen Wandels und des daraus abgeleiteten Handlungsbedarfs gilt ebenfalls bei fast allen als ein grundlegender Faktor für den Erfolg von Digitalstrategien. Acht Experten sind für einen ganzheitlichen Ansatz statt der Delegation an Abteilungen, um Aktivitäten- und Datensilos zu vermeiden. Handlungen in diesem Kontext erfordern bei neun Experten die bedingungslose Unterstützung der Geschäftsführung, was weitere acht durch die Forderung ggü. der Geschäftsführung, die DS maßgeblich voranzutreiben, bestätigen.

Vergleich von Erfolgsfaktoren und Verankerungen

Uneinigkeit herrscht darüber, ob die organisatorische Verankerung besser durch parallele und autonome Einheiten oder cross-funktional über die bestehende Linienstrukturen zu erreichen ist. Die Frage nach der Eignung eines „Bottom-Up"- oder „Top-Down"-Ansatzes kann auch nur mit einer Meinung mehr letzterer für sich entscheiden. Die Geschäftsleitung soll nach fünf Experten neben dem Vorantreiben von Digitalisierungsaktivitäten auch durch ein ständiges Vorleben zur Motivation und damit auch zur kulturellen Verankerung beitragen. Unterstützt werden soll diese nach der Ansicht von immerhin fünf Experten durch eine ausgeprägte Fehlerkultur. Nur jeweils vier sind der Meinung, dass die Verfolgung klassischer Change-Management-Prinzipien und die Einbindung bzw. gezielte Auswahl von Mitarbeitern mit innovativem und unternehmerischem „Mindset" eine zentrale Rolle bei der kulturellen Verankerung einnehmen.

Vergleich von Vorgehensmodellen

Ein Vorgehensmodell mit klassischen Strategieentwicklungsphasen wird von der Mehrheit der Experten gefordert, wenn auch in Teilen die Meinung vorherrscht, dass dies unternehmensindividuell festgelegt werden müsse. Einige Experten richten das Vorgehen an den Schritten zur Geschäftsmodellentwicklung aus.

Für die Strategieentwicklung werden agile und dynamische Techniken leicht bevorzugt. So werden diese von neun Experten vorgeschlagen, während die Nutzung von klassischen und statischen Techniken hierfür nur von sieben gefordert wird. Auch bei der Strategieumsetzung setzt sich die Meinung zur Anwendung agiler und dynamischer Techniken durch. Nicht ganz die Hälfte der Befragten hält letztlich die Auswahl der Techniken für eine unternehmensindividuelle Entscheidung.

Tab. 4.2 Vergleichstabelle zu Erkenntnissen aus Wissenschaft und Praxis (Verständnis und Einordnung, Erfolgsfaktoren und Verankerung)

		F1	F2	F3	F4	F5	F6	B1	B2	B3	B4	B5	B6	B7
Verständnis und Einordnung	Ableitung von eigenständiger DS von US		●	○		●	●	○	●	●	●			
	Fokus sowohl „nach innen" (Operational Excellence) als auch „nach außen" (Customer Experience)	○	●		○	●	●	○	●	●	●	○	●	••
Erfolgsfaktoren und Verankerungen	Erkennen des digitalen Wandels, des daraus folgenden Handlungsbedarfs inkl. Chancen	●	●		○	●	●	●		●	○		○	•
	Ganzheitlicher Ansatz statt Delegation an Abteilungen, sonst Aktivitäten- und Daten-Silos	●	○	●						○	●	●	●	•
	Überzeugte Geschäftsleitung mit Kompetenz, Risikobereitschaft und vollem Commitment	●			○	●	○	○	●	○			●	•
	Aktivitäten der DS müssen maßgeblich durch die Geschäftsleitung vorangetrieben werden	●	●		●				●	○	●	●	○	
	Einsteuerung durch „Top-Down"-Ansatz		○			●		○	●	●	●			
	Motivation durch bedingungslose Überzeugung und Vorleben durch die Geschäftsleitung	●	○				●			●			●	
	Ausgeprägte Fehlerkultur (echtes „Trial-and-Error") und Transparenz bei Entscheidungen			○			○					●	○	•

● erfüllt DS: Digitalstrategie
○ teilweise erfüllt US: Unternehmensstrategie
nicht erfüllt

Tab. 4.3 Vergleichstabelle zu Erkenntnissen aus Wissenschaft und Praxis (Vorgehensmodelle)

			F1	F2	F3	F4	F5	F6	B1	B2	B3	B4	B5	B6	B7
Vorgehensmodell	Bestandteile	Anlehnung an klassischem Strategieentwicklungsprozess (Leitbild, Analyse, Strategieentwicklung, Umsetzung)		●			●	●		●	●	●	○		
	Techniken	Anwendung klassischer und statischer Techniken (SWOT, Porter's 5 Forces, PESTEL etc.) bei DS-Entwicklung	○	○	●		●	●		●		●			
		Anwendung agiler und dynamischer Techniken (Design Thinking, Scrum etc.) bei DS-Entwicklung	○		○	●		○	○	○			○	●	•
		Anwendung agiler und dynamischer Techniken (Design Thinking, Scrum etc.) bei DS-Umsetzung		●	○	●	●		○	○		○	○		•
		Individuelle Auswahl von Techniken und Methoden; welche, ist nebensächlich		●	●		○	○				●	○		
	Abfolge	Agile, kontinuierliche, iterative Gestaltung aller Phasen der DS-Entwicklung	○	●	●	●		○	●		●		●	●	•
		Agile, kontinuierliche, iterative Gestaltung der DS-Umsetzung	○	●	○	●		●	●	○		○	○	●	•

● erfüllt DS: Digitalstrategie
○ teilweise erfüllt US: Unternehmensstrategie
nicht erfüllt

Bei der Abfolge der Entwicklungsphasen für eine Digitalstrategie, und vor allem innerhalb der Digitalstrategie Umsetzung, sind sich die Experten mit wenigen Ausnahmen einig, dass diese, wie die vorgeschlagenen Techniken in agiler, iterativer Form gestaltet werden sollte.

5

Bestehende Ansätze zur Entwicklung einer Digitalstrategie

Die bereits aufgezeigte Problematik der unterschiedlichen Begriffsnutzung für Digitalstrategien spiegelt sich auch bei der Literaturrecherche zu deren Vorgehensweisen wider (Schallmo et al. 2018b). So besteht die Herausforderung darin, die Vielzahl an Publikationen unabhängig von Begrifflichkeiten zu sondieren, um deren Inhalt mit der eigenen Definition aus Kap. 2 abzugleichen. Ausgehend davon wurden acht Ansätze zur detaillierten Analyse ausgewählt (siehe Tab. 5.1).

5.1 Beschreibungsraster für bestehende Ansätze

Zur einheitlichen Beschreibung und zum einfacheren Vergleich der Ansätze werden diese nach einem einheitlichen Beschreibungsraster festgehalten. Die Elemente und Fragestellungen dieses Beschreibungsrasters sind mehrheitlich an den Bestandteilen einer Methode nach Hess und Brecht (1996, S. 4) angelehnt:

D. R. A. Schallmo, J. Lohse, *Digitalstrategien erfolgreich entwickeln*,
https://doi.org/10.1007/978-3-658-31242-8_5

Tab. 5.1 Übersicht der analysierten theoretischen Ansätze

Nr.	Ansatz	Jahr	Autoren
1	Kraewing	2017	Kraewing, Michael
2	Greiner et al.	2017	Greiner, Oliver; Riepl, Patrick; Kittelberger, Daniel
3	Rauser	2016	Rauser, Alexander
4	Peppard und Ward	2016	Peppard, Joe; Ward, John
5	Petry	2016	Petry, Thorsten
6	Cordon et al.	2016	Cordon, Carlos; Garcia-Milà, Pau; Ferreiro Vilarino, Teresa; Caballero, Pablo
7	Hille et al.	2016	Hille, Maximilian; Janata, Steve; Michel, Julia
8	Bharadwaj et al.	2013	Bharadwaj, Anandhi; El Sawy, Omar A.; Pavlou, Paul A.; Venkatraman, N.

Ausgangsbasis und Zielsetzung
Woher bezieht der Ansatz seine Aussage? Wie (Methodik) und auf welcher Grundlage (Quellen) wurde der Ansatz entwickelt? An wem bzw. an was ist die Digitalstrategie ausgerichtet oder ist der Ansatz allgemeingültig?

Detailgrad
Wie genau bzw. umfassend ist die Digitalstrategie anhand der Elemente des Beschreibungsrasters beschrieben?

Einordnung, Erfolgsfaktoren und Prinzipien
Wie ist die Digitalstrategie in Bezug auf die Unternehmensstrategie eingeordnet? Welche Erfolgsfaktoren und Prinzipien liegen der Digitalstrategie des Ansatzes zugrunde?

Vorgehensmodell
Aus welchen Phasen besteht das Vorgehensmodell der Digitalstrategie und welche einzelnen Aktivitäten werden in welcher Reihenfolge ausgeführt?

Techniken
Welche Techniken werden im Vorgehensmodell angewendet, um die Ergebnisse der einzelnen Phasen und Aktivitäten zu erzielen?

5.2 Analyse bestehender Ansätze

5.2.1 Ansatz von Kraewing (2017)

Ausgangsbasis und Zielsetzung

Kraewing richtet sich mit seinem Ansatz zur Digitalstrategie (hier auch „Digital-Business-Strategie") an Führungskräfte international agierender, mittelständischer Unternehmen mit Interesse an der Digitalen Transformation. Für seine Aussagen legt er seine aus der Beratung von Unternehmen gewonnenen Beobachtungen zugrunde (Kraewing 2017, S. 12).

Detailgrad

Der Detailgrad des Ansatzes ist durch die starke Differenzierung der einzelnen Phasen und der Anzahl der dabei zu verwendenden Techniken sehr hoch.

Einordnung, Erfolgsfaktoren und Prinzipien

Nach Kraewing steigt die Berücksichtigung und damit der Anteil der Digitalstrategie in der Unternehmensstrategie mit zunehmendem digitalem Reifegrad (2017, S. 69 f., 75). Die Digitalstrategie richtet sich dabei nach den folgenden Gesichtspunkten (Kraewing 2017, S. 10, 15 f., 63, 82 f., 103 f.).

- Eine Digitalstrategie ist erforderlich, um sich bei der Weiterentwicklung bestehender Geschäftsmodelle mit digitalen Technologien nicht zu verzetteln.
- Eher mittel- bis langfristiger Fokus als kurzfristige Gewinnoptimierung.
- Je mutiger und wesentlicher die Digitalstrategie, desto mehr Widerstand aus dem eigenen Unternehmen.
- Grundsätze erfolgreicher Transformation: zielorientiertes Management, Maßnahmen basieren auf Analysen, ganzheitliches Denken und Handeln, Beteiligung der Betroffenen, Hilfe zur Selbsthilfe, prozessorientierte Steuerung, Kommunikation und die sorgfältige Auswahl von Schlüsselpersonen.

- Voraussetzungen für die Strategieumsetzung: Unternehmenskenntnisse, gutes Team, richtige Organisationsform und effektive Methoden.
- Prinzipien der Strategieumsetzung: Schnelligkeit, Entschlossenheit, Wahrnehmung von Veränderungen, Interpretation der Wahrnehmung, entsprechendes Handeln und iterative Verfeinerung.
- Die Digitalstrategie ist ein kontinuierlicher Prozess mit individueller Reihenfolge bzw. wechselnder Richtung der Schritte.

Vorgehensmodell

Das Vorgehensmodell des Ansatzes nach Kraewing (siehe Abb. 5.1) umfasst folgende Schritte und Aktivitäten:

(1) *Definition der digitalen Vision/Mission:* Formulierung von Vision- und Mission-Statements, welche das fernere aber spezifische Ziel der Digitalstrategie vorgeben und beschreiben, wie und warum dieses verfolgt werden soll (Kraewing 2017, S. 71 ff.).
(2) *Analyse der Ausgangssituation:* Interne Analyse von wertschöpfenden Elementen und deren Einsatz innerhalb der Wertschöpfungskette sowie externe Analyse von Kunden und Wettbewerbern (Kraewing 2017, S. 15–43).
(3) *Generierung strategischer Optionen:* Identifikation, Evaluation und Auswahl strategischer Optionen als Grundlage der Digitalstrategie (Kraewing 2017, S. 43–55).
(4) *Definition der Strategie:* Definition der Digitalstrategie durch die beiden Komponenten Inhalt (individuelle strategische Ausrichtung unter Berücksichtigung der zu verwendenden Ressourcen) und Methodik zur Umsetzung (Kraewing 2017, S. 80 ff.).

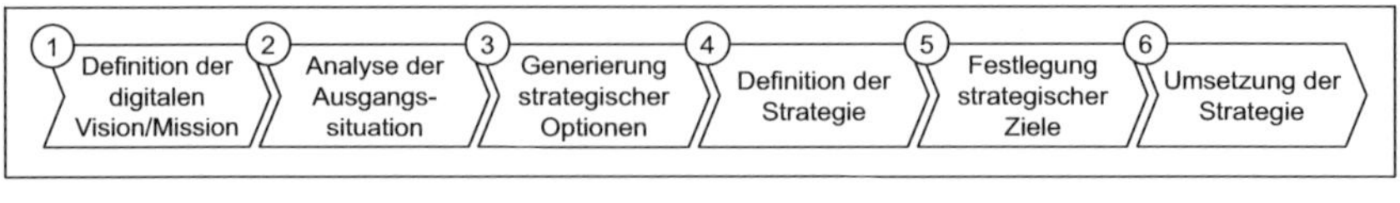

Abb. 5.1 Vorgehensmodell von Kraewing (2017)

(5) *Festlegung strategischer Ziele:* Herunterbrechen der Digitalstrategie in Meilensteine als Zwischenstufen vom Ist-Zustand bis zum übergeordneten Ziel (Kraewing 2017, S. 84 f.).
(6) *Umsetzung der Strategie:* Unternehmensindividuelle Umsetzung der strategischen Ziele mit kontinuierlicher Verbesserung (Kraewing 2017, S. 87–129).

Techniken

Je Schritt besitzt der Ansatz Techniken für die Ausführung der Aktivitäten:

(1) *Workshops:* Workshops mit unternehmensinternen Teams (Kraewing 2017, S. 76 f.)
Benchmark: Inspiration durch bereits existierende Vision- und Mission-Statements anderer Unternehmen (Kraewing 2017, S. 77 ff.).
(2) *Wertschöpfungskette* (*int. Analyse*): Modell zur Visualisierung primärer und unterstützender Aktivitäten (nach Porter 2004a) (Kraewing 2017, S. 26 ff.).
(3) *Workshops* (*ext. Analyse*): Regionale Workshops mit Kollegen des Standorts (Kraewing 2017, S. 35).
(4) *Marktforschung* (*ext. Analyse*): Analysen von Marktforschungsunternehmen (Kraewing 2017, S. 36).
(5) *Rahmenbedingungenanalyse* (*ext. Analyse*): Analyse der Rahmenbedingungen für Kunden bzw. Wettbewerb anhand von Rechtslage, Wirtschaft, Gesellschaft, Infrastruktur und Strategie (ähnlich PESTEL-Analyse) (Kraewing 2017, S. 31 ff., 37 ff.).
(6) *Fünf-Kräfte-Modell* (*ext. Analyse*): Branchenstrukturanalyse (nach Porter 2004b) (Kraewing 2017, S. 41 ff.).
(7) *Checkliste:* Liste aller wesentlichen Aktionen und Fragestellungen zur Analyse der Ausgangssituation (Kraewing 2017, S. 55).
(8) *Generische Optionen:* Modell zur Evaluation strategischer Optionen (nach Porter 2004b): Kostenführerschaft, Differenzierung, Fokus und Kombinationen (Kraewing 2017, S. 44 ff.)

SWOT-Analyse: Analyse von Stärken, Schwächen, Chancen und Risiken basierend auf den Analyseergebnissen (Kraewing 2017, S. 46 ff.).

(9) *Stufenmodell zur digitalen Reife: Modell aus vier Stufen zur Bestimmung des digitalen Reifegrads des Unternehmens (nach* Chaffey 2015) (Kraewing 2017, S. 68 ff.).

(10) *Checkliste:* Liste aller wesentlichen Aktionen und Fragestellungen zur Strategieformulierung (Kraewing 2017, S. 86).

(11) *Phasen der Transformation:* Change-Management Modell (nach Chaffey 2015), das die Phasen und Maßnahmen des Transformationsprozesses aufzeigt (Kraewing 2017, S. 101 f.).

(12) *Scrum:* Agile Projektmanagementmethode mit zeitlich festgelegten Zyklen (Sprints) statt eines fixen Handlungsplans (Kraewing 2017, S. 96 f.).

(13) *Digitale Wertschöpfung:* Übersicht der Wertschöpfungspotenziale des Digitalen als Produkt, als disruptive Innovation und als Zugang zum Markt (Kraewing 2017, S. 123 f.).

(14) *Digitale Wertschöpfungskette:* Modell zur Einbindung digitaler Techniken (u. a. Datenmanagement) und digitaler Prozesse in die Wertschöpfungskette (Kraewing 2017, S. 120 ff.).

(15) *Checkliste:* Liste aller wesentlichen Aktionen und Fragestellungen zur Umsetzung der Digitalstrategie (Kraewing 2017, S. 129).

5.2.2 Ansatz von Greiner et al. (2017)

Ausgangsbasis und Zielsetzung

Die Publikation von Kieninger mit Fokus auf die Unternehmenssteuerung sowie der Abschnitt zur Digitalstrategie (hier auch „Digitalisierungsstrategie“) von Greiner et al. basiert auf theoretischen Erkenntnissen und Beratungserfahrungen (2017, S. V). Eine bestimmte Zielgruppe wird nicht genannt.

Detailgrad

Greiner at al. konzentrieren sich bei diesem Ansatz auf die wesentlichen Inhalte der einzelnen Phasen der Vorgehensweise. Auch einige Techniken sind aufgeführt, sodass der Ansatz über einen mittelhohen, aber ausreichenden Detailgrad verfügt.

Einordnung, Erfolgsfaktoren und Prinzipien

Den Beobachtungen zufolge reichen Digitalstrategien in der Praxis von oberflächlichen Willenserklärungen bis zur detaillierten Auflistung von Einzelmaßnahmen (Greiner et al. 2017, S. 21 f.). Letztlich soll die Digitalstrategie aber von der Unternehmensstrategie abgeleitet und ganzheitlich in dieser verankert werden. Greiner et al. verfolgen mit dem Ansatz folgende Prinzipien (Greiner et al. 2017, S. 20 ff.):

- Die Digitalstrategie kann dem „Flickenteppich" einzelner aktionistischer, unkoordinierter Digitalisierungsbestrebungen entgegenwirken und macht die Digitalisierung vom Risikofaktor zum Potenzial.
- Die Integration einflussreicher interdisziplinärer Vertreter mit Lust an Veränderungen ist elementar für eine erfolgreiche Umsetzung.
- Die Digitalstrategie sollte nicht die Handlungen des Wettbewerbers kopieren.

Vorgehensmodell

Das Vorgehensmodell (siehe Abb. 5.2) orientiert sich maßgeblich am „integrierten Strategieprozess" nach Horvát & Partners und besteht aus den Phasen (Greiner et al. 2017, S. 23–31):

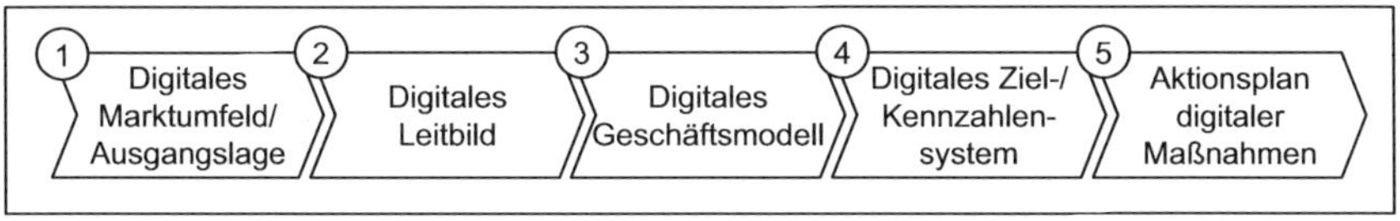

Abb. 5.2 Vorgehensmodell von Greiner et al. (2017)

(1) *digitales Marktumfeld und Ausgangslage:* Bestandsaufnahme des eigenen Unternehmens und der Unternehmensumgebung
(2) *digitales Leitbild:* Erstellung einer Digitalisierungsmission (Auftrag der Digitalisierung), Digitalisierungsvision (Anspruch der Digitalisierung) und Klärung von Entscheidungsleitlinien (digitale Werte)
(3) *digitales Geschäftsmodell:* Entwicklung eines digitalen Geschäftsmodells durch Identifikation und Zuordnung der Kernelemente: digitaler Anwendungsfälle (Digitalisierung von Geschäftsmodellen, Produkten, Kundeninteraktion, primärer, sekundärer Wertkette) und Befähiger (Partner, Technologie, Datenmanagement, Cybersecurity, Humankapital)
(4) *digitales Ziel- und Kennzahlensystem:* Verankerung der Digitalstrategie durch Aufstellung von Kennzahlen für jedes digitale Ziel
(5) *Aktionsplan digitaler Maßnahmen:* Verdichtung von Handlungsoptionen zu konkreten Maßnahmen durch einen Priorisierungsprozess.

Techniken

Nach dem Ansatz sollen folgende Techniken genutzt werden (Greiner et al. 2017, S. 23–31):

(1) *Digital Maturity Assessment* (*DMA*): Bestimmung des digitalen Reifegrads
Digitalization Framework: Hilfestellung zur Strukturierung unterschiedlicher Branchen in Bezug auf deren digitale Elemente
(2) *SWOT-Analyse:* Zusammenfassung der DMA-Ergebnisse zu einer SWOT-Analyse (Identifizierung von Stärken, Schwächen, Chancen und Risiken)
(3) *Best-Practice:* Vergleich existierender digitaler Visionen und deren Fokus
(4) *7-K-Modell:* Prinzip zur strukturellen Grundsatzentscheidung, was in Bezug auf die Digitalisierung gemacht werden soll. Enthält Anwendungsfälle (Wirkungen der Digitalstrategie) und Befähiger (Treiber der Digitalisierung).
(5) *Heatmap:* Modell zur Zuordnung von Befähigern zu Anwendungsfällen

(6) *Balanced Scorecard:* Methode zur Festlegung von Zielwerten für Kennzahlen
(7) *Wirtschaftlichkeitsrechnung:* Gegenüberstellung von Aufwendungen und Erträgen der strategischen Maßnahme.

5.2.3 Ansatz von Rauser (2016)

Ausgangsbasis und Zielsetzung
Rauser konzipiert seinen Ansatz zur Digitalstrategie (hier auch „Digital Strategy“) auf Basis von Erfahrungen aus der Beratung unterschiedlicher Unternehmen und richtet den Ansatz auch an diese (2016, S. 151).

Detailgrad
Der Ansatz verfügt durch die ausführliche Beschreibung eines Vorgehensmodells, zugrunde gelegter Prinzipien und diverser Techniken über einen hohen Detailgrad.

Einordnung, Erfolgsfaktoren und Prinzipien
Laut Rauser stehen, wegen der heute bereits zentralen Bedeutung von digitalen Technologien, alle Handlungen eines Unternehmens in direktem Zusammenhang zur Digitalstrategie, welche sich selbst wiederum an übergeordneten Unternehmenszielen ausrichtet (2016, S. 3). Dem Ansatz liegen folgende Prinzipien zu Grunde:

- Grundlegendes Ziel der Digitalstrategie ist entweder Kosteneinsparung oder Wert- und damit Umsatzsteigerung (Rauser 2016, S. 8).
- Die Digitalstrategie verbindet Vision mit taktischen Handlungen (Rauser 2016, S. 15 f.).
- Unternehmen scheitern oft nicht wegen fehlender Antizipation neuer digitaler Innovationen, sondern weil deren Innovationsprozess zu lange dauert (Rauser 2016, S. 2).
- Vorhandene Technologien zu optimieren ist wichtiger, als Neue einzuführen (Rauser 2016, S. 46).
- Das gesamte Unternehmen muss in die Digitalstrategie eingebunden werden (Rauser 2016, S. 12 f.).

- Aus der Digitalstrategie werden alle anderen Unterstrategien, wie z. B. die Mobile-, Web- oder CRM-Strategie, abgeleitet (Rauser 2016, S. 1).

Vorgehensmodell
Der Ansatz teilt das Vorgehen zur Digitalstrategie in drei Hauptphasen (siehe Abb. 5.3) mit jeweils einzelnen Aktivitäten ein:

(1) *Definition von Herausforderungen und Zielen:* Auflistung aktueller Aktivitäten mit KPI-Festlegung und anschließender Verifizierung anhand der durch interne und externe Analyse definierten Herausforderungen und Unternehmensziele (Rauser 2016, S. 19 ff.)
(2) *Erstellung eines Umsetzungsplans:* Planung und Priorisierung von Maßnahmen mit Fokus auf die Frage, wie die Herausforderungen unter Berücksichtigung potenzieller Risiken gemeistert und die Ziele erreicht werden können (Rauser 2016, S. 31 ff.)
(3) *Umsetzung in erreichbaren Schritten:* Integration der geplanten Maßnahmen bzw. Teilstrategien in eine Umsetzungsroadmap, deren Erfolgs- und Fortschrittsmessung anhand zuvor definierter KPIs erfolgt. Durch eine Umsetzung „in kleinen Stücken" statt in langen Zyklen, wird die Gefahr minimiert, an den sich ständig ändernden äußeren Umständen vorbeizuplanen. Dabei spielt das ständige Feedback von User Experience eine entscheidende Rolle. Die Umsetzungsphase ist durch eine Iteration aus Informationsgewinnung, Analyse und ständigen Verbesserung der Strategie gekennzeichnet. (Rauser 2016, S. 60 ff.)

Abb. 5.3 Vorgehensmodell von Rauser (2016)

Techniken

Die Umsetzung der Phasen bzw. Aktivitäten erfolgt durch folgende Techniken:

(1) *Interviews:* Befragung von Stakeholdern, Top-Management, Abteilungsleitung und Kunden (Rauser 2016, S. 19 ff.)
(2) *Asset Sheet:* Auflistung digitaler Aktivitäten inkl. Beschreibung, KPIs, Priorität, Verantwortlichkeit und Status (Rauser 2016, S. 24 ff.)
(3) *Business Objectives Map:* Auflistung quantitativer Unternehmensziele inkl. Sollwert, verantwortliche Abteilung, Taktik zur Verbesserung, Verantwortlichkeit und dazugehörige digitale Aktivität (Rauser 2016, S. 26 ff.)
(4) *SWOT-Analyse:* Stärken, Schwächen, Chancen und Risiken für jede einzelne digitale Aktivität (Rauser 2016, S. 31 ff.)
(5) *Business Objectives Asset Map:* Schematische Darstellung aus Asset Sheet und Business Objectives Map (Rauser 2016, S. 54)
(6) *Agiles Projektmanagement:* In kurzen „Sprints" abgewickelte Projekte (Rauser 2016, S. 61 f.)
Iterativer Prozess: Ständiges Wiederholen von Messen und Verbessern (Rauser 2016, S. 74 ff.)
(7) *UX-Prozess:* Prozess zur Gewinnung von User Experience Feedback (Rauser 2016, S. 77 ff.)
(8) *KPI Map:* Darstellung einzelner digitaler Aktivitäten und deren Einfluss auf definierte Unternehmensziele (Rauser 2016, S. 63 ff.)
(9) *Lead-Nurturing Funnel:* Übersicht der unterschiedlichen Vertriebsinitiativen von der Anfrage bis zur Kaufentscheidung (Rauser 2016, S. 66 ff.).

5.2.4 Ansatz von Peppard und Ward (2016)

Ausgangsbasis und Zielsetzung

Der Ansatz zur Digitalstrategie (hier auch „digital strategy" oder „IS-/IT-strategy") von Peppard und Ward legt zwar den Fokus auf gewinnorientierte Unternehmen aller Branchen, schließt aber auch staatliche Institutionen sowie soziale und Non-Profit-Organisationen mit ein. Die

Erkenntnisse stammen aus wissenschaftlichen Studien und Praxiserfahrungen durch den Austausch mit Führungskräften (2016, S. XIII).

Detailgrad
Die Einordnung in die Unternehmensstrategie bzw. Interaktion mit Schnittstellen, die Vorgehensweise und dazugehörige Techniken sowie Prinzipien der Digitalstrategie sind äußerst detailliert beschrieben. Der Detailgrad ist daher sehr hoch.

Einordnung, Erfolgsfaktoren und Prinzipien
Die in der Digitalstrategie vereinten Komponenten IS- und IT-Strategie stehen in unterschiedlicher Beziehung zur Unternehmensstrategie. Deren Ziele werden an die danach ausgerichtete IS-Strategie weitergegeben. Diese definiert Anforderungen (Nachfrage) an die wiederum untergeordnete IT-Strategie, die technische Lösungen anbietet (Angebot). Peppard und Ward geben dabei folgende Prinzipien vor (2016, S. 110):

- Die Vorgehensweise soll verständlich und akzeptierbar sein, statt komplex und bürokratisch überladen.
- Jeder Prozessschritt soll flexibel und modular anhand voriger Ergebnisse erarbeitet werden.
- Der Fokus liegt auf den zu erwartenden Ergebnissen und deren Kommunikation innerhalb des Unternehmens vom Geschäftsleiter bis zum IT-Spezialisten.
- Regelmäßige Statusreports ggü. Verantwortlichen sind genauso wichtig wie die Akzeptanz der interaktiven und manchmal iterativen Natur des Prozesses.
- Das Mitnehmen einer breiten Anzahl an Mitarbeitern ist wichtig, damit diese ihre Zeit, Wissen und Erfahrung miteinbringen.
- Eine einfache Dokumentationssoftware ist besser als eine komplexe.

Vorgehensmodell
Die Digitalstrategie durchläuft folgende sechs Phasen (siehe Abb. 5.4) (Peppard und Ward 2016, S. 31 ff.):

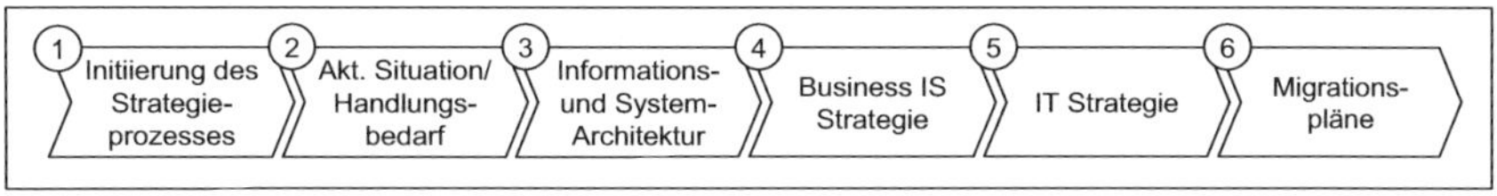

Abb. 5.4 Vorgehensmodell von Peppard und Ward (2016)

(1) *Initiierung des Strategieprozesses:* Identifizierung von Kapazitäten und Bestimmung von Personen und deren Rollen. Anschließend erfolgen die Einführung und Schulung zum Vorhaben und der zu nutzenden Techniken.
(2) *Aktuelle Situation und Handlungsbedarf:* Analyse der aktuellen Situation mit Identifizierung und Interpretation des Handlungsbedarfs. Das Ergebnis ist ein Verständnis für die Unternehmens-, Informations- und Technologieumgebung.
(3) *Informations- und System-Architektur:* Definition bzw. Aktualisierung der Informations- und System-Architektur als Basis für die Befähigung und Unterstützung des bestehenden und künftigen sog. Operating Model (beinhaltet den Grad an Prozessstandardisierung und Informationsintegration)
(4) *Business-IS-Strategie:* Festlegung der Business-IS-Strategie durch Formulierung von: Grund, Zusammenfassung der Unternehmensstrategie, Argumente aktuelles und künftiges Anwendungsportfolio, Übersicht von Chancen und Risiken und neuen, sich aus der IS Strategie ergebenden Themen
(5) *IT-Strategie:* Formulierung der IT-Strategie und Definition, wie technische Ressourcen und Technologien erworben, gemanagt und entwickelt werden
(6) *Migrationspläne:* Vorbereitung von Migrationsplänen und Wirtschaftlichkeitsrechnungen zur Überführung der Digitalstrategie in die Unternehmensstrategie, die über das weitere Vorgehen entscheidet.

Techniken

Es wird eine Vielzahl an Techniken aufgeführt, die sowohl für konkrete Phasen als auch allgemein im Vorgehensmodell angewendet werden sollen. Im Folgenden sind die wichtigsten Techniken aufgeführt:

(1) *Vieraugengespräche und Workshops:* Einbindung der Mitarbeiter durch Diskussionen in persönlichen Gesprächen oder Workshops (Peppard und Ward 2016, S. 111)
(2) *IS-/IT-strategy team composition and associated roles:* Checkliste zur Team-zusammenstellung, Fähigkeiten und Aufgaben der Rollen (Peppard und Ward 2016, S. 112 f.)
(3) *Organizational model:* Übersicht über die Organisation und deren Einflüsse (Peppard und Ward 2016, S. 137)
(4) *Technologie Strategie Radar:* Technologien und deren potenzieller Einfluss (Peppard und Ward 2016, S. 140 f.)
(5) *Balanced Scorecard (BSC):* Leistungsmessung anhand von Kennzahlen verschiedener Unternehmensperspektiven (Peppard und Ward 2016, S. 146 f.)
(6) *Critical Sucess Factor Analyse:* Definition kritischer Erfolgsfaktoren (Peppard und Ward 2016, S. 147 ff.)
(7) *IS-/IT-Innovationsprozess:* Innovationsschema mit Einflussfaktoren (Peppard und Ward 2016, S. 175 ff.)
(8) *5 Forces for IS/IT:* Branchenanalyse-Modell ausgerichtet nach IS/IT (Peppard und Ward 2016, S. 216 ff.)
(9) *PESTEL-Analyse:* Umweltanalyse mit den Dimensionen: Political, Economic, Sociocultural, Technological, Environmental, Legal (Peppard und Ward 2016, S. 58 ff.)
(10) *Business-Portfolio- und Wettbewerbsstrategie-Analyse:* Generische Strategien nach Porter (Kostenführerschaft, Differenzierung, Fokussierung) (Peppard und Ward 2016, S. 60 ff.)
Customer-Matrix: Gegenüberstellung von Preis und Kundennutzen (Peppard und Ward 2016, S. 234 f.)
(11) *Flexibilitäts- und Strategierelevanz-Matrix:* Gegenüberstellung von Standardisierungsgrad vs. Flexibilität im Unternehmen (Peppard und Ward 2016, S. 134 f.)
(12) *Operating Model Definition:* Technik zur Kombination von Prozessstandardisierung und Informationsintegration (Peppard und Ward 2016, S. 135 f.)
(13) *Application Portfolio:* Gegenüberstellung existierender und künftiger Relevanz von Anwendungen für das Unternehmen (Peppard und Ward 2016, S. 27 ff.)

(14) *Framework for determining the business IS-strategy:* Organigramm zur Bestimmung der Business IS-Strategie (Peppard und Ward 2016, S. 259).

5.2.5 Ansatz von Petry (2016)

Ausgangsbasis und Zielsetzung
Pertys Ansatz richtet sich an Führungskräfte, die sich mit den Konsequenzen der Digitalisierung im Kontext der Unternehmens- und Personalführung auseinandersetzen möchten. Basis hierfür sind Fallstudien und Analysen aus der Praxis (2016, S. 13).

Detailgrad
Der Detailgrad des Ansatzes ist als mittelhoch einzustufen, da er über beschriebene Phasen des Vorgehensmodells verfügt, sich bei den Techniken jedoch hauptsächlich nur auf die Umsetzungsphase konzentriert.

Einordnung, Erfolgsfaktoren und Prinzipien
Die Trennung zwischen Digital- und Nicht-Digitalstrategie ergibt nach dem Ansatz mittel- bis längerfristig keinen Sinn. Deshalb sollte die Digitalstrategie integraler Bestandteil der Unternehmensstrategie sein (Petry 2016, S. 52). Wesentliche Prinzipien (Petry 2016, S. 38 f., 50 ff.):

- Die Digitalstrategie ist die Grundlage für eine Digitale Transformation.
- Die Bedeutung von Strategiearbeit nimmt bei steigender Unplanbarkeit nicht nur nicht ab, sondern sogar zu.
- Die sog. VUCA-Umwelt (Volatility, Uncertainty, Complexity, Ambiguity) beeinflusst die inhaltliche Ausgestaltung und den Ablauf der Digitalstrategie. So ist ein situativer Strategieprozess einem kalenderbasierten vorzuziehen.
- Die VUCA-Umwelt fordert den Zugang zu Informationen und Daten, sodass in der Digital Economy (Technologien, Geschäftsmodell, Führungskultur) Vertrauen zur notwendigen Agilität sowie Partizipation, Offenheit und Vernetzung vorausgesetzt wird (VOPA+ Modell).

- Voraussetzung für die erfolgreiche Strategieumsetzung sind: geeignete Organisationsprozesse und -strukturen, zielorientierte Steuerung der Digitalinitiativen, passendes Personal, adäquate Unternehmenskultur, geeignete Technologien.

Vorgehensmodell

In Pertys Ansatz sind folgende vier Phasen aufgeführt (siehe Abb. 5.5):

(1) *Digitalziele und Digitalvision:* Festlegung, was genau erreicht werden soll und warum. Eine Digitalvision ist zwar nicht zwingend erforderlich, ist allerdings bei digital erfolgreichen Unternehmen häufig zu finden (Petry 2016, S. 50 f.).

(2) *Digitalstrategie:* Zielerreichung durch Festlegung einer Digitalstrategie. Unterscheidung von externer Ausrichtung (Customer Experience) und interner Ausrichtung (Operational Excellence) (Petry 2016, S. 51 f.).

(3) *Digitales Geschäftsmodell:* Herunterbrechung der strategischen Ausrichtung auf ein Geschäftsmodell, welches die Digitalisierung berücksichtigt (Petry 2016, S. 53).

(4) *Strategieumsetzung:* Start kleinerer strategischer Digitalisierungsinitiativen mit stetiger Ausweitung und Integration ins Kerngeschäft (Petry 2016, S. 53–74).

Techniken

Folgende Techniken finden in Petrys Ansatz zur Digitalstrategie Anwendung:

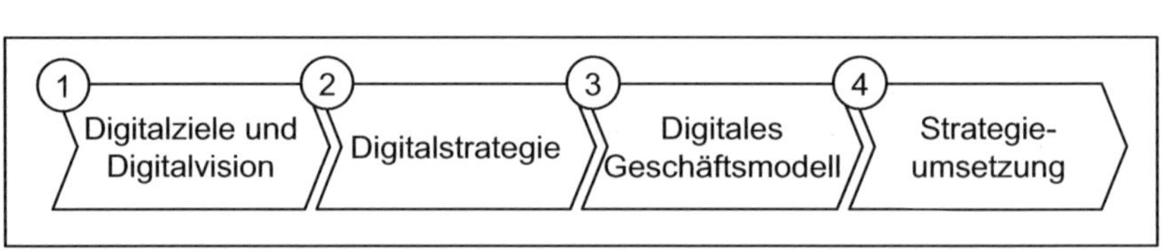

Abb. 5.5 Vorgehensmodell von Petry (2016)

(1) *Fokus-Matrix:* Einordnung nach internem und externem Digitalstrategiefokus (Petry 2016, S. 51 f.)
(2) *Business Model Canvas:* Schema zum Überblick zentraler Bestandteile eines Geschäftsmodells (nach Osterwalder und Pigneur 2010) (Petry 2016, S. 53)
Workshops: Diskussion über Ist- und Soll-Geschäftsmodelle (Petry 2016, S. 53)
(3) *Lean-Startup:* Methode zur Agilitätssteigerung durch Simulation typische Startup-Voraussetzungen (geringe Finanzkraft, Learning-by-doing usw.) (Petry 2016, S. 69)
(4) *Scrum:* Framework mit wenig Regeln, flachen Hierarchien, Selbstorganisation, Sprints, Pragmatismus statt Dogmatik, Prototyping, Feedback und Iteration (Petry 2016, S. 68 f.)
Partizipative Workshops: Workshops nach dem VOPA-Modell, wie z. B. OpenSpace, Jam,
(5) BarCamps, Hackathons oder deren Kombination (Petry 2016, S. 63 ff.)
(6) *Two Speed IT:* Modulare und flexible IT-Architektur mit Kern-IT-Struktur zur Verbindung historisch gewachsener und agiler IT-Strukturen (Petry 2016, S. 61)
(7) *Social Forecasting:* Kombination aus Nutzung kollektiver Intelligenz, Anreizen für gute Prognosen und einer virtuellen Prognosebörse (Petry 2016, S. 67)
(8) *Design Thinking:* Methode zur Identifikation von Kundenbedürfnissen und Ausrichtung an Kundennutzen (Petry 2016, S. 69 f.).

5.2.6 Ansatz von Cordon et al. (2016)

Ausgangsbasis und Zielsetzung
Grundlage des Ansatzes ist eine auf bestehenden Modellen (klassische sowie modernere Strategieansätze) basierende theoretische Recherche, erweitert durch Studien und Praxisbeispiele (Cordon et al. 2016, S. 19 ff., 30). Die Digitalstrategie (hier auch „Digital Strategy“) legt ihren Schwerpunkt auf den Einsatz von BigData (Cordon et al. 2016, S. 1–6).

Detailgrad

Ohne stark ins Detail zu gehen, werden sowohl das Vorgehensmodell als auch einzelne Techniken verständlich beschrieben. Der Detailgrad ist mittelhoch.

Einordnung, Erfolgsfaktoren und Prinzipien

Cordon et al. lassen die Einordnung der Digitalstrategie ggü. der Unternehmensstrategie offen und schlagen dafür drei Varianten vor (2016, S. 18 f., 30):

- *Digital Fit:* Kein Bedarf an einer Digitalstrategie. Nutzung von BigData Innovationen ist gewinnbringend, aber strategisch nicht wirklich relevant.
- *Digital Masterplan:* Aufnahme einer Digitalstrategie in die Unternehmensstrategie. Implementierung von BigData ist wichtig für die Wettbewerbsfähigkeit, ohne die Unternehmensstrategie grundlegend erneuern zu müssen.
- *Digital DNA:* Ersatz der bisherigen Unternehmensstrategie durch eine Digitalstrategie. BigData ist überlebensnotwendig für den Fortbestand des Unternehmens und deshalb Kern der Unternehmensstrategie.

Dabei orientiert sich die Digitalstrategie an folgenden Prinzipien:

- Klassische Strategieansätze sind aufgrund des zunehmend instabileren und schwerer zu definierenden Unternehmensumfelds nicht mehr nutzbar (Cordon et al. 2016, S. 22 ff., 32).
- Die Stärke des Einflusses von BigData ist wie deren Digitalstrategie unternehmensspezifisch (Cordon et al. 2016, S. 18).

Vorgehensmodell

Das Modell zum Vorgehen umfasst folgende fünf Phasen (siehe Abb. 5.6) (Cordon et al. 2016, S. 18 ff., 29):

(1) *Szenarioanalyse* (*Business Scenarios*)*:* Aufstellen von Zukunftsszenarien (mittel- bis längerfristig) inkl. Auswahl, welches forciert werden soll

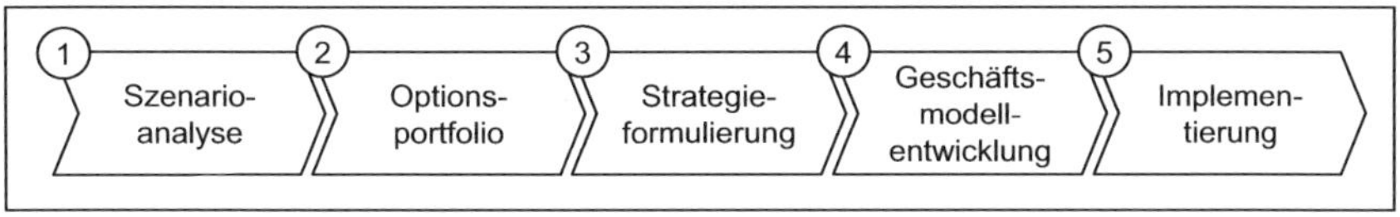

Abb. 5.6 Vorgehensmodell von Cordon et al. (2016)

(2) *Optionsportfolio* (*Portfolio of Options*)*:* Aufzeigen potenziell erfolgreicher Handlungsoptionen, je nach Unternehmen und dessen aktueller Situation bzw. angestrebtem Szenario (ggf. sogar für jedes potenzielle Szenario)
(3) *Strategieformulierung* (*Strategic Model*)*:* Optionsauswahl aus dem Portfolio unter Berücksichtigung des Dilemmas Zentralisierung vs. Dezentralisierung
(4) *Geschäftsmodellentwicklung:* Digitalisierung des Geschäftsmodells (ist je nach Einordnung der Digitalstrategie nicht zwingend erforderlich)
(5) *Implementierung:* Umsetzung der Strategie bzw. des Geschäftsmodells unter Berücksichtigung einer sich ständig ändernden Unternehmenslandschaft

Alle Phasen sollten dem bidirektionalen Modell „View of the future and back" bzw. „two-directional thinking" (nach Malnight et al. 2013, S. 36) folgen, bei dem die Perspektive sowohl von der Gegenwart in die Zukunft als auch in die andere Richtung eingenommen wird.

Techniken

Die vorgeschlagenen Techniken zu den einzelnen Phasen sind nach Cordon et al.:

(1) *Ökosystem-Matrix:* Modell zur Bewertung von BigData Auswirkungen auf das Ökosystem und die Wertschöpfungskette des Unternehmens (Cordon et al. 2016, S. 26)
(2) *Chancen-Risiken-Matrix:* Identifizierung strategischer Chancen und Risiken (Cordon et al. 2016, S. 24)
Must-Win-Battles: Modell (nach Killing et al. 2006) zur Identifikation von Schlüsselherausforderungen und Schlüsselerfolgen in der Zukunft (Cordon et al. 2016, S. 22)

(3) *Profit Formula:* an die Du-Pont-Analyse angelehntes Konzept zur Erklärung, wie mit dem Geschäftsmodell eines Unternehmens Geld verdient wird (Cordon et al. 2016, S. 108)
(4) *Business Model Canvas:* zusammenfassende Darstellung des Geschäftsmodells eines Unternehmens (nach Osterwalder und Pigneur 2010) (Cordon et al. 2016, S. 105)
(5) *Lean-Startup:* agiler Managementansatz mit iterativen Schleifen aus Umsetzen, Messen und Lernen (Cordon et al. 2016, S. 115).

5.2.7 Ansatz von Hille et al. (2016)

Ausgangsbasis und Zielsetzung
Ausgangsbasis des Ansatzes von Hille ist theoretisches Expertenwissen, welches durch eine empirische Studie gestützt wird (Hille et al. 2016, S. 3, 49). Die Digitalstrategie (hier auch „Digitalisierungsstrategie") richtet sich hier primär an den Mittelstand (Hille et al. 2016, S. 3).

Detailgrad
Das Vorgehensmodell und die Prinzipien des Ansatzes sind zwar ausreichend verständlich beschrieben, Techniken für die Phasen werden aber nur angedeutet, sodass der Ansatz als mittelhoch einzuordnen ist.

Einordnung, Erfolgsfaktoren und Prinzipien
In Hilles Ansatz wird die Digitalstrategie als strategisches Projekt im Kontext der Unternehmensstrategie gesehen (Hille et al. 2016, S. 9 f., 11). Er unterliegt dabei folgenden Grundsätzen (Hille et al. 2016, S. 8):

- Digitalstrategie ist das Fundament für Digitalisierung des Unternehmens.
- Digitalisierung ist ein strategisches Paradigma, welches die Gesamtausrichtung des Unternehmens beeinflusst.

- Die Digitalstrategie kann in finaler Umsetzungsphase zwar variabel gestaltet werden, sollte sich aber immer an einer strategischen Leitlinie orientieren.
- Hauptverantwortliche für die strategische Digitalisierungsinitiative sind der Vorstand, Fachbereichsentscheider und externe Berater.

Vorgehensmodell

Das Vorgehensmodell (siehe Abb. 5.7) beinhaltet fünf Phasen (Hille et al. 2016, S. 10 ff.):

(1) *Bestandsaufnahme:* Identifikation des Digitalisierungsgrades und -bedarfs
(2) *Generierung von Handlungsalternativen:* Erarbeitung passender technologischer und organisatorischer Initiativen. Dabei können Handlungsempfehlungen von Unternehmensberatern berücksichtigt werden
(3) *Festlegung von Verantwortlichkeiten:* Übertragung von Verantwortlichkeiten bzw. Entscheidung über Existenz und Organisation eines Digital Leaders
(4) *Zielbestimmung:* Definition von Erfolgskriterien in Bezug auf Innovation, Wettbewerbsfähigkeit, Umsatz sowie Mitarbeiter-Motivation und -Produktivität
(5) *Maßnahmenumsetzung:* Umsetzung der Maßnahmen durch Kommunikation von Rechten und Pflichten an alle Mitarbeiter sowie Aufbau einer geeigneten IT-Infrastruktur.

Techniken

Im Ansatz werden beispielhaft nur folgende Techniken genannt:

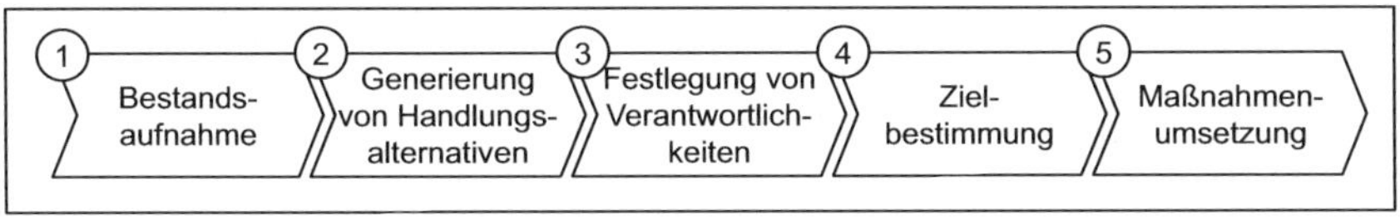

Abb. 5.7 Vorgehensmodell von Hille et al. (2016)

(1) *Benchmark und Best Practice:* Orientierung an anderen Digitalisierungsprojekten aus Unternehmen gleicher Branche und Größenklasse (Hille et al. 2016, S. 13).

5.2.8 Ansatz von Bharadwaj et al. (2013)

Ausgangsbasis und Zielsetzung
Dieser Ansatz basiert auf vorherigen Veröffentlichungen zum Thema Digitalstrategie (hier auch „digital business strategy") und Gesprächen mit anderen Akademikern sowie Führungskräften aus Unternehmen. Ziel ist die Unterstützung weiterer Recherchen zu diesem Thema (Bharadwaj et al. 2013, S. 473).

Detailgrad
Obwohl der Ansatz weder ein konkretes Vorgehensmodell oder Techniken nennt, werden ausführlich vier Schlüsselthemen beschrieben, die wesentliche Bestandteile der Digitalstrategie darstellen. Er verfügt deshalb über einen mittleren Detailgrad.

Einordnung, Erfolgsfaktoren und Prinzipien
Laut Bharadwaj et al. wurde früher die IT-Strategie eher an der Unternehmensstrategie ausgerichtet und war ihr untergeordnet. Mittlerweile sollten die beiden Strategien zu einer Digitalstrategie fusionieren (Bharadwaj et al. 2013, S. 472). Der Ansatz zur Digitalstrategie verfolgt dabei folgende Prinzipien:

- Externe digitale Trends und organisatorische Verschiebungen innerhalb des Unternehmens fordern die Verfolgung einer Digitalstrategie (Bharadwaj et al. 2013, S. 473).
- Der Geltungsbereich (*scope*) muss geklärt werden, d. h. der Grad der Fusion von IT Strategie und Unternehmensstrategie sowie das Funktions-/prozess-übergreifende Selbstverständnis im Unternehmen und in dessen Ökosystem (Bharadwaj et al. 2013, S. 473 ff.).

- Die Skalierbarkeit (*scale*) muss geklärt werden, d. h. die Anpassung der IT-Infrastruktur und das Verbinden mit Netzwerken durch Partnerschaften (Bharadwaj et al. 2013, S. 475).
- Die Geschwindigkeit (*speed*) spielt eine wesentliche Rolle bei der Reaktion auf Marktbedürfnisse, Produktveröffentlichungen, der Lieferkette, im Netzwerkaufbau und im Treffen von Entscheidungen im Allgemeinen (Bharadwaj et al. 2013, S. 476 f.).
- Die Quellen (*sources*) der Nutzenstiftung bzw. -erfassung liegen in den verfügbaren Daten und deren Nutzung in Geschäftsmodellen (Bharadwaj et al. 2013, S. 477 f.).

Vorgehensmodell

Eine konkrete Abfolge innerhalb eines Vorgehensmodells existiert in dem Ansatz nicht. Die vier Schlüsselthemen *scope*, *scale*, speed und *sources* können jedoch als zu durchlaufende Bestandteile gesehen werden.

Techniken

Techniken sind in diesem Ansatz nicht weiter aufgeführt.

5.2.9 Weitere Ansätze

Ansatz der ITIZZIMO AG (2018)

Die ITIZZIMO AG geht zunächst auf die wesentlichen Herausforderungen ein und schlägt anschließend folgenden Ablauf vor: (1) Ziele definieren, (2) Rahmenbedingungen schaffen, (3) Bestandsprozesse analysieren, (4) Daten verfügbar machen, (5) Optimallösung definieren, (6) Weg zur Optimallösung finden, (7) flexibel bleiben und (8) in der Umsetzung klein anfangen.

Ansatz von Samulat (2016, S. 139–170, 224–242)

Im „Top-Down"-Ansatz von Samulat geht es darum, wie Digitalisierungsaktionen zum Geschäftserfolg beitragen. Dabei unterscheidet er die Digitalisierung nach innen (Automatisierung und Effizienzsteigerung von Business- und IT-Prozessen) und die Digitalisierung nach außen (neue digitale Produkte und Geschäftsmodelle mit Fokus auf die digitale Kundeninteraktion).

Trotz fehlender Angaben über einzelne Phasen verfügt der Ansatz über eine breite Palette an Techniken: u. a. kontinuierliche Service Verbesserung (CSI), PDCA-Zyklus (Deming-Kreis), Nutzenkategorien und Wirkungskette (nach Kesten et al.), strategische Referenzpunkte mit den Dimensionen interner und externer Fokus bzw. Veränderungs- und Kontroll-Orientierung (nach Hardjano) und Business Engineering (BE) mit den Dimensionen System, Prozess und Strategie(nach Österle und Winter 2003).

Auf den Techniken aufbauend, entwirft Samulat mit dem ValueBoard eine eigene Methode. Design Thinking, Edison-Prinzip, SWOT und die GAP-Analyse werden ebenfalls aufgeführt. Hauptprinzipien für die Digitalstrategie sind die Digitalisierung als bereichsübergreifendes Thema und das Akzeptieren deren Dynamik.

Ansatz von accenture (2015, S. 24 f.)

Die Unternehmensberatung Accenture nennt nach einer Studie zu Digitalisierungsstrategien der deutschen Top500 Unternehmen sechs relevante Maßnahmen: (1) Ertrags- bzw. Effizienzsteigerungspotenziale erkennen, (2) Entscheidungsstrukturen verschlanken bzw. agiler gestalten, (3) für neue Geschäftsmodelle Kooperationen eingehen, (4) digitale Fähigkeiten ausbauen und (5) finanzielle Ressourcen für Investitionen schaffen.

Außerdem wird durch ein Modell der Zusammenhang zwischen internem Fokus der Digitalisierung mit Angebots- und damit Ertragssteigerung und externem Fokus mit Prozessoptimierung und damit Effizienzsteigerung und deren Verbindung in Form neuer Geschäftsmodelle aufgezeigt.

Ansatz von Turban et al. (2015, S. 389–402)

Turban et al. beschäftigen sich mit der IT-Strategie von Unternehmen und verfolgten den Grundsatz, dass gezielt eingesetzte digitale Technologien die Grundlage für eine erfolgreiche Unternehmensstrategie bilden.

Das Vorgehensmodell besteht aus: (1) Entwicklung einer Unternehmensvision und -mission durch die Geschäftsleitung, (2) Entwicklung eines Technologie- und Geschäftsausblicks durch ein interdisziplinäres Team, (3) Untersuchung des aktuellen Standes inkl. Identifikation von Abweichungen zum Soll, (4) Benennung strategischer Erfordernisse und die Entwicklung und Priorisierung von Roadmaps, (5) Entscheidung über Budgetausgaben innerhalb der IT Road Map und (6) ein monatliches Review. Dabei kommen klassische Techniken (SWOT- und GAP-Analyse, BSC) zum Einsatz.

Ansatz von Thonabauer (2003, S. 223–244)
Das etwas ältere aber äußerst detaillierte Vorgehensmodell von Thonabauer richtet sich an eBusiness-Strategien und damit an den Teil der Digitalstrategie, welcher sich mit Geschäftsprozessaktivitäten auseinandersetzt.

Es umfasst (1) eine strategische Situationsanalyse, (2) Strategietypentscheidung, (3) Handlungsbegründungs- und Visionsentwicklung, (4) Geschäftsmodellüberprüfung und -weiterentwicklung, (5) Zielableitung, (6) Strategieobjekt-Identifikation, (7) Informationssammlung, (8) Review-Entwurf der Strategie, (9) Strategie-Finalisierung sowie (10) Controlling und Weiterentwicklung. Für die Umsetzung werden Techniken wie Konkurrenz-, Best-Practice-, ABC-, SWOT-Analysen zu eBusiness-Potenzial-Nutzung, Kundenanforderungen und der Produkt-Marktsegmentierungswürfel genannt.

5.3 Vergleich der bestehenden Ansätze

Nach der Beschreibung der bestehenden Ansätze werden diese nun gegenübergestellt, um Überschneidungen und Abweichungen zu identifizieren. Dabei werden zunächst die Ausgangsbasen, die Einordnungen und die Prinzipien verglichen (Tab. 5.2).

Vergleich von Ausgangsbasis, Einordnung und Prinzipien
In der bestehenden Literatur ist bisher kein integrativer Ansatz für die Entwicklung einer Digitalstrategie zu finden. Es basiert nahezu keiner

Tab. 5.2 Vergleichstabelle zu bestehenden Ansätzen (Ausgangsbasen, Einordnungen und Prinzipien)

		Kraewing (2017)	Greiner et al. (2017)	Rauser (2016)	Peppard und Ward (2016)	Petry (2016)	Cordon et al. (2016)	Hille et al. (2016)	Bharadwaj et al. (2013)
Ausgangs-basis	Theoretische Recherche		●				●	●	●
	Wissenschaftliche Studie(n)				●		○	○	
	Praxiserfahrung durch Beratung	●	●	●					
	Fallstudien und Praxisanalysen				○	●	○		●
Einord-nung und Prinzi-pien	DS ist wesentlicher Bestandteil der US		●	●	●	●		●	
	DS-Anteil an der US ist abhängig von der digitalen Reife	●					●		○
	DS als gebündelte Reaktion auf Digitalisierungstreiber	○	●			●			●
	Fokus sowohl „nach innen“ (Operational Excellence) als auch „nach außen“ (Customer Experience)	●	●	●	○	●	○	○	○
	Schnelligkeit und Einfachheit vor Perfektion und Komplexität	●		●	●	○	○		●
	„Richtiges“ und qualifiziertes Team	●	●			○			
	Breite Verankerung in Organisation und Kultur wichtig			●	●	●			

● erfüllt DS: Digitalstrategie
○ teilweise erfüllt US: Unternehmensstrategie
nicht erfüllt

der Ansätze auf mehr als zwei verschiedenen Quellen. Etwa der Hälfte der Ansätze liegen eine theoretische Recherche oder Fallstudien bzw. Praxisanalysen zugrunde. Drei Autoren nutzten ihre praktische Beratungsexpertise und einer hat eine wissenschaftliche Studie durchgeführt. Lediglich ein Ansatz basiert dabei auf drei verschiedenen Quellen.

Für die meisten der betrachteten Ansätze ist die Digitalstrategie ein wesentlicher Bestandteil der Unternehmensstrategie und wird von dieser abgeleitet. Zwei Ansätze erwägen sogar eine Gleichsetzung. In drei Fällen steht der Anteil der Digitalstrategie an der Unternehmensstrategie in Abhängigkeit von der digitalen Reife des Unternehmens. Eine Aufteilung mache somit nur während des Transformationsprozesses Sinn.

Während nur jeder zweite Ansatz in der Digitalstrategie eine Art gebündelte Reaktion auf die Digitalisierung von Gesellschaft und Technik (Digitalisierungstreiber) sieht, sind sich alle einig, dass sie sowohl die Effizienzsteigerung des Unternehmens (interner Fokus; Operational Excellence – OP-EX) als auch die Wertsteigerung beim Kunden (externer Fokus; Customer Experience – CU-EX) berücksichtigen sollte.

Für die große Mehrheit gehen Schnelligkeit und Einfachheit bei der Strategieentwicklung und -umsetzung vor Perfektion und Komplexität. Bei der Hälfte der Ansätze spielt das „richtige" Team mit qualifizierten Mitarbeitern eine wesentliche Rolle, und auch die Bedeutung der organisatorischen und kulturellen Verankerung der Digitalstrategie wird gleich oft herausstellt wird.

Vergleich von Vorgehensmodellen

Aufgrund der auffallenden Ähnlichkeit mit Aktivitäten aus klassischen Strategieentwicklungsprozessen (Sternad 2015, S. 5 ff.; Welge und Al-Laham 2001, S. 96; Kaplan und Norton 2009, S. 52 ff.) werden für den Vergleich der Vorgehensmodelle die traditionellen Phasen „Leitbild", „Analyse", „Strategiefestlegung" und „Umsetzung" zugrunde gelegt. Darauf aufbauend werden die wesentlichen Inhalte der Vorgehensmodelle in Tab. 5.3 und alle vorgeschlagenen Techniken im Anhang „Vergleichstabelle zu Techniken bestehender Ansätze" aufgelistet.

Etwa die Hälfte der Ansätze orientiert sich an einem bestimmten Leitbild. Zwei davon bevorzugen eine Visions- und Missionsformulierung,

Tab. 5.3 Vergleichstabelle zu bestehenden Ansätzen (Vorgehensmodelle)

			Kraewing (2017)	Greiner et al. (2017)	Rauser (2016)	Peppard und Ward (2016)	Petry (2016)	Cordon et al. (2016)	Hille et al. (2016)	Bharadwaj et al. (2013)
Strategieentwicklung	Leitbild	Vision	●	●			○			
		Mission	●	●						
		Unternehmensziele			●		●			○
	Analyse	interne Analyse	●	●	●			○	●	○
		externe Analyse	●	●	●	●		○	○	○
		Identifizierung von Handlungsbedarf und Herausforderungen			●	●		●	●	
	Strategiefestlegung	Definition strategischer Optionen und Szenarien	●					●	●	
		Bewertung und Auswahl strategischer Optionen und Szenarien	●					●		○
		Strategiedefinition	●	○	●	●	●	●		○
		Verantwortlichkeiten und Ressourcenbestimmung	○			●		○	●	○
		digitales Geschäftsmodell		●			●	○		○
		strategische Ziele und Kennzahlen	●	●	○				●	

Umsetzung	Planung und Aufgabendefinition	○	●	●	●				
	Strategieumsetzung	●		●		●	●	●	○
	Kontrolle	○		●					
Abfolge	sequenziell		●	●		●	●	○	
	individuell	●			○			○	
	kontinuierlich und iterativ	●		●	●	○	○		

● erfüllt DS: Digitalstrategie
○ teilweise erfüllt US: Unternehmensstrategie
nicht erfüllt

die anderen die Aufstellung allgemeiner Unternehmensziele. Drei Ansätze verzichten dabei komplett auf ein Leitbild. Als Techniken werden Best-Practice, Benchmarks, Interviews und Workshops genannt.

Bis auf einen Ansatz verfügen alle Vorgehensmodelle über einen Analyseteil. Dabei wird sowohl das Unternehmen (intern) als auch dessen Umgebung (extern) analysiert und bei vier der Ansätze sogar um eine klare Benennung der Herausforderungen und Handlungsbedarfe ergänzt. In dieser Phase kommen die meisten Techniken zum Einsatz. Die Mehrheit an klassischen Techniken, wie SWOT, Porter's 5 Forces, PESTEL etc., wird durch speziell auf die Digitalisierung ausgerichtete Techniken (z. B. digitale Reifegrade, Technologie-Strategie-Radar) ergänzt. Während die Definition und die anschließende Bewertung und Auswahl von konkreten strategischen Handlungsoptionen und Szenarien nur bei der Minderheit eine Rolle spielen, ist die anschließende Strategiedefinition für fast alle Ansätze ein zentraler Bestandteil.

Fünf Ansätze beschäftigen sich mit der Bestimmung von Ressourcen und Verantwortlichkeiten für die Digitalstrategie, während die Hälfte bei der Strategieentwicklung auch die (Weiter-)Entwicklung eines digitalen Geschäftsmodells miteinschließt. Die Phase endet bei weiteren vier Ansätzen mit der Aufstellung von strategischen Zielen bzw. Kennzahlensystemen. Auch hier werden hauptsächlich klassische Techniken (wie BSC, SWOT, Business Model Canvas) genannt. Zwar ist die Strategieumsetzung bei der klaren Mehrheit der Ansätze im Vorgehen integriert, die vorige Planung und Definition von einzelnen Aufgaben ist aber nur für die Hälfte von Bedeutung. Zwei der acht Ansätze berücksichtigen eine anschließende Kontrolle. Für die Umsetzung werden hauptsächlich agile Techniken wie Design Thinking, Scrum oder Lean-Startup vorgeschlagen.

In den meisten Ansätzen wird eine sequenzielle und iterative bzw. kontinuierliche Abfolge der einzelnen Phasen im Vorgehensmodell vorgeschlagen. Lediglich drei der Ansätze bevorzugen eine individuelle Reihenfolge.

6

Integrativer Ansatz zur Entwicklung einer Digitalstrategie

Auf Basis der Fallstudien, der Erkenntnisse aus der Wissenschaft und der Praxis sowie der bestehenden Ansätze erfolgt nun die Entwicklung eines integrativen Ansatzes, der dazu dient, strukturiert eine Digitalstrategie zu entwickeln (Schallmo und Lohse 2020). Hierzu erfolgt zunächst ein Überblick zu dem integrativen Ansatz. Anschließend werden die einzelnen Phasen detailliert erläutert und in einem Vorgehensmodell zusammengefasst.

6.1 Überblick über den integrativen Ansatz

Der integrative Ansatz besteht aus einer Vorgehensweise mit sechs Phasen, die in Abb. 6.1 dargestellt sind.

Die einzelnen Phasen sind nachfolgend kurz erläutert.

Strategische Analyse extern

Innerhalb dieser Phase erfolgt die Analyse von Einflussfaktoren der Makro- und Mikro-Umwelt (Kraewing 2017; Greiner et al. 2017; Rauser 2016; Peppard und Ward 2016). Bei der Makro-Umwelt (PESTEL) liegt dabei der Fokus auf Technologien und Technologietrends. Innerhalb der Mikro-Umwelt (5 Forces) liegt der Fokus auf Kunden und Wettbewer-

D. R. A. Schallmo, J. Lohse, *Digitalstrategien erfolgreich entwickeln*,
https://doi.org/10.1007/978-3-658-31242-8_6

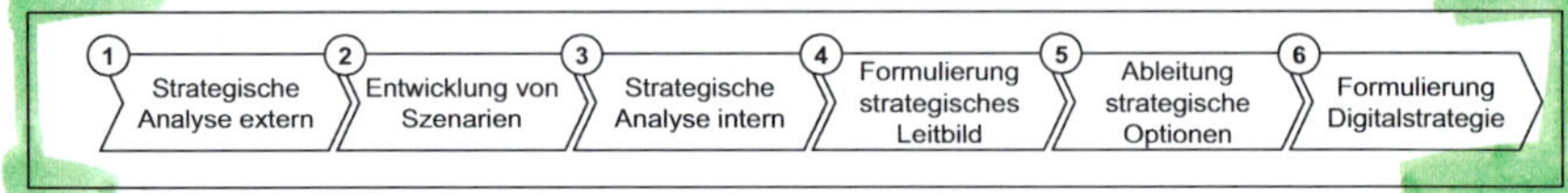

Abb. 6.1 Phasen zur Entwicklung einer Digitalstrategie (eigene Darstellung)

bern. Die relevanten Einflussfaktoren werden aus heutiger Sicht bewertet und priorisiert.

Entwicklung von Szenarien

Die erhobenen Einflussfaktoren aus der vorherigen Phase werden hinsichtlich ihrer zukünftigen Relevanz (z. B. zehn Jahre) ausgewählt und anschließend bewertet und priorisiert. Dabei liegt der Fokus auf der zukünftigen Entwicklung, um darauf aufbauend für die Makro- und Mikro-Umwelt Szenarien abzuleiten (Kraewing 2017; Cordon et al. 2016; Hille et al. 2016).

Strategische Analyse intern

Im Rahmen dieser Phase wird das Unternehmen analysiert (Kraewing 2017; Greiner et al. 2017; Rauser 2016; Hille et al. 2016). Hierbei können z. B. folgende Bereiche betrachtet werden: Organisation, Prozesse, IT, Infrastruktur, Systeme, Technologien, Fähigkeiten und Initiativen im digitalen Kontext. Dabei geht es um eine Bestandsaufnahme der Stärken und Schwächen (z. B. im Vergleich zu Wettbewerbern) in dem jeweiligen Bereich. Zusätzlich wird der digitale Reifegrad (z. B. einzelne Bereiche, Unternehmen, Geschäftsmodell) analysiert.

Formulierung strategisches Leitbild

Auf Basis der ersten drei Phasen werden innerhalb dieser Phase zunächst aktuelle und zukünftige Handlungsfelder identifiziert. Diese Handlungsfelder können erste Ideen und Ansätze zu Operational Excellence (OP-EX; Prozesse), zu Customer Experience (CU-EX; Kundenerfahrung) oder zu Digital Excellence (DI-EX; gesamtes Unternehmen) beinhalten.

Anschließend wird das strategische Leitbild im digitalen Kontext formuliert. Dieses Leitbild beinhaltet folgende Bestandteile: Vision, Mission, strategische Ziele, strategische Erfolgsfaktoren und Werte (in Anlehnung an: Kraewing 2017; Greiner et al. 2017; Rauser 2016; Petry 2016). Das erstellte strategische Leitbild im digitalen Kontext wird ggf. mit dem vorhandenen strategischen Leitbild der Unternehmensstrategie abgeglichen, sofern ein solches vorliegt.

Ableitung strategische Optionen
Mit Hilfe von generischen Digitalstrategien werden nun strategische Optionen im digitalen Kontext für das Unternehmen abgeleitet. Hierbei kommen ebenfalls die Ergebnisse der vorangegangenen Phasen, insbesondere das entwickelte strategische Leitbild, zum Einsatz (Kraewing 2017; Cordon et al. 2016; Hille et al. 2016).

Formulierung der Digitalstrategie
Innerhalb der letzten Phase wird die Digitalstrategie auf Basis der relevanten strategischen Option mit Projekten und Maßnahmen ausgeprägt (Kraewing 2017; Rauser 2016; Peppard und Ward 2016; Petry 2016; Cordon et al. 2016). Hierbei erfolgt auch ein Abgleich mit der Unternehmensstrategie und dem erstellten Leitbild. Im Rahmen der Formulierung der Digitalstrategie kann der Fokus von Projekten z. B. auf Operational Excellence (OP-EX; Prozesse), Customer Experience (CU-EX; Kundenerfahrung) bzw. Digital Excellence (DI-EX; gesamtes Unternehmen) liegen.

In Kombination mit dem entwickelten Leitbild stellen die Projekte und Maßnahmen die Digitalstrategie dar.

Bei dem integrativen Ansatz handelt es sich um eine generelle Vorgehensweise für die Entwicklung einer Digitalstrategie. Je nach Anforderung des Unternehmens können in einzelnen Phasen Schwerpunkte gesetzt werden bzw. Phasen selektiv bearbeitet werden. Charakteristisch für den integrativen Ansatz zur Entwicklung einer Digitalstrategie ist, dass die jeweiligen Ergebnisse aufeinander aufbauen und dass die Phasen iterativ bearbeitet werden können, was in Abb. 6.2 dargestellt ist.

Die Phasen zur Entwicklung einer Digitalstrategie lehnen sich ebenfalls an bestehenden Ansätzen zur Entwicklung von Unternehmensstrategien an, da wir die Digitalstrategie als Teil einer Unternehmensstrategie verstehen bzw. die Digitalstrategie mit der Unternehmensstrategie gleichsetzen. Die Phasen werden nachfolgend genauer erläutert.

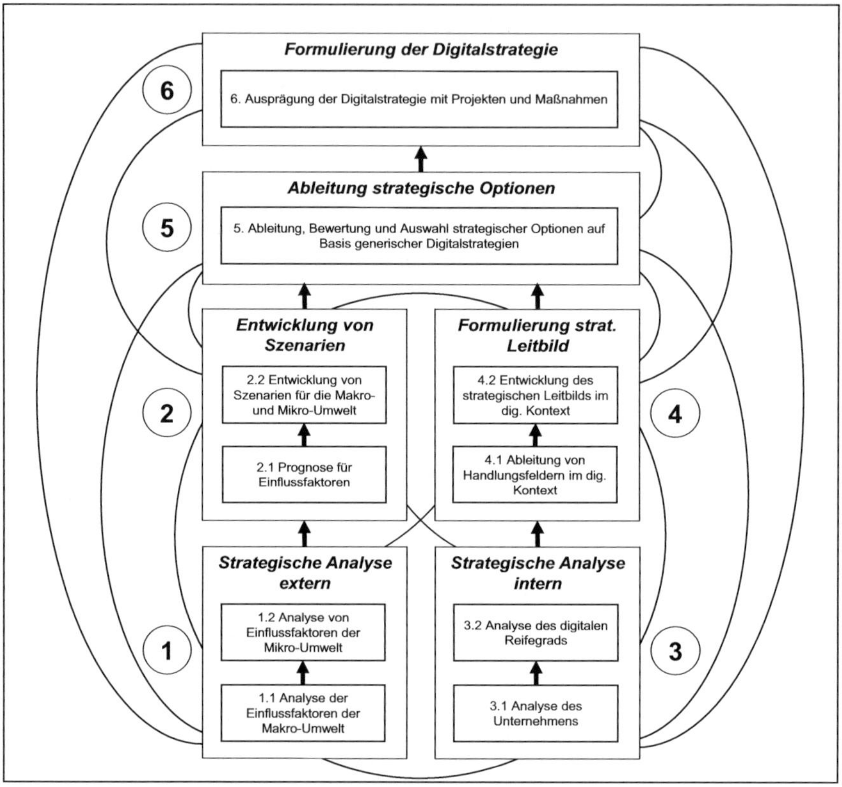

Abb. 6.2 Roadmap zur Entwicklung einer Digitalstrategie (eigene Darstellung)

6.2 Strategische Analyse extern

6.2.1 Zielsetzung und Fragen

Innerhalb dieser Phase erfolgt die Analyse von Einflussfaktoren der Makro- und Mikro-Umwelt. Die Analyse der Makro-Umwelt (PESTEL) legt dabei den Fokus auf Technologien und Technologietrends. Die Analyse der Mikro-Umwelt (5 Forces) hingegen legt den Fokus auf Kunden und Wettbewerber. Im Rahmen beider Analysen wird ein grundlegendes Verständnis zu vorhandenen Einflussfaktoren gewonnen, was zur späteren Entwicklung von Szenarien dient.

Die Phase „Strategische Analyse extern" beantwortet folgende Fragen:

- Welche wesentlichen Einflussfaktoren liegen heute und in Zukunft (z. B. zehn Jahre) innerhalb der Makro-Umwelt vor und wie lassen sich diese bewerten?
- Welche Technologien und Technologietrends liegen vor und wie lassen sich diese bewerten?
- Welche wesentlichen Einflussfaktoren liegen heute und in Zukunft innerhalb der Mikro-Umwelt vor und wie lassen sich diese bewerten?
- Wie lässt sich der Einfluss heutiger und zukünftiger Kunden und Wettbewerber bewerten?
- Für welche identifizierten und bewerteten Einflussfaktoren liegt aus heutiger Sicht eine hohe Priorität vor?

6.2.2 Aktivitäten und Instrumente

Im Rahmen der Aktivitäten werden Instrumente eingesetzt, um zielgerichtet Ergebnisse zu erarbeiten.

Analyse der Einflussfaktoren aus der Makro-Umwelt
Die Makro-Umwelt beinhaltet folgende Dimensionen: politisch, wirtschaftlich, sozio-kulturell, technologisch, ökologisch und rechtlich. Im Hinblick auf die Digitalisierung wird hierbei ein besonderes Augenmerk auf Technologien und Technologietrends gelegt. Die Dimensionen sind nachfolgend anhand von Beispielen kurz erläutert:

- **Politische Einflussfaktoren**: z. B. Stabilität der Regierung, Steuerpolitik, soziale Sicherungsmaßnahmen, Außenhandelsregulierungen, Gesetzesinitiativen
- **Wirtschaftliche Einflussfaktoren**: z. B. Inflation, Einkommen, Zinsraten, Arbeitslosenquote, Wirtschaftswachstum, Wechselkurse
- **Sozio-kulturelle Einflussfaktoren**: z. B. Geburtenraten, Mobilität, Wertemuster, Umweltbewusstsein, Konsumverhalten, Bildungsniveau
- **Technologische Einflussfaktoren**: z. B. Produkt- und Dienstleistungs-Innovationen, neue Werkstoffe, Geschwindigkeit des Technologietransfers

- **Ökologische Einflussfaktoren**: z. B. Klimaveränderungen, Energieverbrauch, Bewusstsein in Gesellschaft zu Ökologie
- **Rechtliche Einflussfaktoren**: z. B. Verbraucherschutzgesetze, Wettbewerbsgesetze, Umweltgesetze, Arbeitsrecht, Gesundheit

Für die jeweiligen Dimensionen werden anhand unterschiedlicher Quellen (z. B. Trendreports) relevante Einflussfaktoren erhoben und bewertet. Die Bewertung der Einflussfaktoren orientiert sich dabei an Methoden des Risikomanagements und betrachtet die Eintrittswahrscheinlichkeit und den Einfluss auf das Unternehmen.

In Abb. 6.3 ist das Raster zur Analyse der Makro-Umwelt exemplarisch aufgezeigt.

Als Ergebnis liegen bewertete Einflussfaktoren der Makro-Umwelt vor, die aus heutiger Sicht im Kontext der Digitalisierung relevant sind.

Analyse der Einflussfaktoren aus der Mikro-Umwelt

Die Mikro-Umwelt beinhaltet folgende Dimensionen: potenzielle Neueintritte, Rivalität unter Wettbewerbern, Substitutionsprodukte und -dienstleistungen, Verhandlungsmacht von Abnehmern und Verhandlungsmacht von Lieferanten. Im Rahmen der Analyse der Mikro-Umwelt in Bezug auf die Digitalisierung werden insbesondere Kunden und Wettbewerber mit deren Einfluss analysiert.

Die Dimensionen sind nachfolgend anhand von Beispielen kurz erläutert:

- **Potenzielle Neueintritte**: z. B. Eintrittsbarrieren, Kostenvorteile etablierter Anbieter, erschwerter Zugang zu Vertriebskanälen, Kundentreue zu etablierten Märkten
- **Rivalität unter Wettbewerbern**: z. B. Anzahl der Wettbewerber, Marktwachstum, Produktdifferenzierung, Austrittsbarrieren
- **Substitutionsprodukte und -dienstleistungen**: z. B. ähnlicher Verwendungsbereich, Preis-Leistungsverhältnis, Technologie Shifts
- **Verhandlungsmacht von Abnehmern**: z. B. Konzentration von Abnehmern, Möglichkeiten der Rückwärtsintegration

Analyse der Makro-Umwelt

Dimension Brainstorming von heutigen und zukünftigen Einflussfaktoren je Dimensionen	**Heutige relevante Einflussfaktoren** Welche Einflussfaktoren für die Industrie, die Wertschöpfung und das Unternehmen heute besonders relevant sind	**Heutige Ausprägung** Kurze Beschreibung der relevanten Einflussfaktoren	**Heutige Eintrittswahrscheinlichkeit** Bewertung der Eintrittswahrscheinlichkeit der Einflussfaktoren (z.B. in %, bzw. von 0 - unwahrscheinlich bis 10 – sehr wahrscheinlich)	**Heutiger Einfluss** Bewertung des Einflusses auf das Unternehmen (z.B. 0 – kein Einfluss bis 10 – sehr hoher Einfluss)	**Heutige Priorität** Festlegung der heutigen Priorität der Einflussfaktoren unter Berücksichtigung der Eintrittswahrscheinlichkeit und des Einflusses (z.B. 0 – keine Priorität bis 10 – sehr hohe Priorität)
Politische Einflussfaktoren					
Wirtschaftliche Einflussfaktoren					
...					

Abb. 6.3 Analyse der Makro-Umwelt (eigene Darstellung)

- **Verhandlungsmacht von Lieferanten**: z. B. Konzentration von Lieferanten, Möglichkeiten der Vorwärtsintegration

Analog zur Analyse der Makro-Umwelt werden die Einflussfaktoren anhand unterschiedlicher Quellen (z. B. Branchenberichte, Kunden-Workshops) erhoben und bewertet.

In Abb. 6.4 ist das Raster zur Analyse der Mikro-Umwelt exemplarisch aufgezeigt.

Als Ergebnis liegen bewertete Einflussfaktoren der Mikro-Umwelt vor, die aus heutiger Sicht relevant sind.

Beispiel

Für ein etabliertes Unternehmen aus der Energiewirtschaft können aus der Makro-Umwelt z. B. die folgenden technologische Einflussfaktoren relevant sein: Smart Grids, Smart Meter und Predictive Analytics. Rechtliche Einflussfaktoren können z. B. die Umweltgesetzgebung und Energiesubventionen sein. Aus der Mikro-Umwelt können z. B. Eintrittsbarrieren für neue Wettbewerber in Form von hohen Infrastrukturkosten und die zunehmende Transparenz auf der Angebotsseite von Bedeutung sein.

Analyse der Mikro-Umwelt

Dimension Brainstorming von heutigen und zukünftigen Einflussfaktoren je Dimensionen	**Heutige relevante Einflussfaktoren** Welche Einflussfaktoren für die Industrie, die Wertschöpfung und das Unternehmen heute besonders relevant sind	**Heutige Ausprägung** Kurze Beschreibung der relevanten Einflussfaktoren	**Heutige Eintrittswahrscheinlichkeit** Bewertung der Eintrittswahrscheinlichkeit der Einflussfaktoren (z.B. in %, bzw. von 0 - unwahrscheinlich bis 10 – sehr wahrscheinlich)	**Heutiger Einfluss** Bewertung des Einflusses auf das Unternehmen (z.B. 0 – kein Einfluss bis 10 – sehr hoher Einfluss)	**Heutige Priorität** Festlegung der heutigen Priorität der Einflussfaktoren unter Berücksichtigung der Eintrittswahrscheinlichkeit und des Einflusses (z.B. 0 – keine Priorität bis 10 – sehr hohe Priorität)
Bestehende Wettbewerber					
Pot. Neueintritte					
...					

Abb. 6.4 Analyse der Mikro-Umwelt (eigene Darstellung)

6.3 Entwicklung von Szenarien

6.3.1 Zielsetzung und Fragen

Das Ziel innerhalb dieser Phase ist es, Szenarien zu entwickeln. Dabei werden die erhobenen Einflussfaktoren für die Makro- und die Mikro-Umwelt hinsichtlich ihrer zukünftigen Relevanz ausgewählt und bei Bedarf ergänzt. Der Betrachtungshorizont kann dabei bei z. B. zehn Jahren liegen, hängt aber letztlich vom Unternehmen und der Branche ab. Anschließend werden für die Entwicklung der Einflussfaktoren eine Prognose (z. B. zehn Jahre) abgegeben und eine Priorisierung vorgenommen. Auf Basis dieser Einflussfaktoren werden kohärente Szenarien entwickelt, die Aspekte zur Makro-Umwelt und zur Mikro-Umwelt beinhalten.

Die Phase „Entwicklung von Szenarien" beantwortet folgende Fragen:

- Welche der erhobenen Einflussfaktoren der Makro-Umwelt (insb. Technologien und Technologietrends) sind in Zukunft relevant und wie lässt sich deren zukünftige Entwicklung bewerten?
- Welche der erhobenen Einflussfaktoren der Mikro-Umwelt (insb. Kunden und Wettbewerber) sind in Zukunft relevant und wie lässt sich deren zukünftige Entwicklung bewerten?
- Für welche identifizierten und bewerteten Einflussfaktoren liegt eine hohe Priorität für die Zukunft vor?

- Wie lassen sich die relevanten zukünftigen Einflussfaktoren der Makro- und Mikro-Umwelt zu kohärenten Szenarien kombinieren?
- Welche der entwickelten Szenarien haben eine hohe Eintrittswahrscheinlichkeit?

6.3.2 Aktivitäten und Instrumente

Im Rahmen der Aktivitäten werden Instrumente eingesetzt, um zielgerichtet Ergebnisse zu erarbeiten.

Prognose für Einflussfaktoren der Makro- und Mikro-Umwelt
Die in der vorherigen Phase erhobenen Einflussfaktoren der Makro- und Mikro-Umwelt werden hinsichtlich ihrer zukünftigen Relevanz ausgewählt. Bei Bedarf werden diese um weitere Einflussfaktoren ergänzt. Es empfiehlt sich, den Fokus auf die relevanten Einflussfaktoren zu legen, da die Komplexität mit einer steigenden Anzahl an Einflussfaktoren stark zunimmt. Anschließend erfolgt eine Prognose für die zukünftige Entwicklung der Einflussfaktoren, die analog zur vorherigen Phase tabellarisch erfolgt. Für die Prognose der Einflussfaktoren liegen folgende Kriterien vor:

- **zukünftige Ausprägung**: Ableitung von einer oder mehreren möglichen zukünftigen Ausprägungen des Einflussfaktors und deren kurze Beschreibung
- **zukünftige Eintrittswahrscheinlichkeit**: Bewertung von einer oder mehreren Eintrittswahrscheinlichkeiten der Ausprägungen (z. B. in %, bzw. von 0 – unwahrscheinlich bis 10 – sehr wahrscheinlich)
- **zukünftiger Einfluss**: Bewertung von einem und mehreren zukünftigen Einflüssen auf das Unternehmen (z. B. 0 – kein Einfluss bis 10 – sehr hoher Einfluss)
- **zukünftige Priorität**: Festlegung der zukünftigen Priorität der Einflussfaktoren unter Berücksichtigung der Eintrittswahrscheinlichkeit und des Einflusses (z. B. 0 – keine Priorität bis 10 – sehr hohe Priorität)

Als Ergebnis liegen bewertete Einflussfaktoren der Makro- und Mikro-Umwelt mit einer Ausprägung bzw. mehreren Ausprägungen vor, die zukünftig relevant sind, was in Abb. 6.5 exemplarisch dargestellt ist. Dies dient als Basis für die Entwicklung von Szenarien.

Entwicklung von Szenarien
Anhand der Einflussfaktoren und deren möglichen Ausprägungen (inkl. der Eintrittswahrscheinlichkeiten) wird nun ein Optionenraum in Form eines morphologischen Kastens erstellt. Anschließend erfolgt die Erstellung von drei bis max. fünf Kombinationen unterschiedlicher Ausprägungen der Einflussfaktoren, die zueinanderpassen.

Dies stellt die Basis für die Beschreibung von Szenarien dar, die unterschiedliche Aspekte der Makro- und Mirko-Umwelt berücksichtigt. Der Optionenraum ist in Abb. 6.6 exemplarisch dargestellt.

Beispiel

Im Rahmen der Entwicklung von Szenarien können für ein Unternehmen aus der Energiewirtschaft bspw. folgende zwei Szenarien abgeleitet werden. Szenario 1: Unternehmensfreundliches gesetzliches Umfeld und zunehmende Aktivitäten neuer kleinerer Wettbewerber (insb. Plattformen), die den Fortbestand des Unternehmens aktiv gefährden. Szenario 2: Verschärftes gesetzliches Umfeld mit zahlreichen Auflagen, einem hohen Kostendruck und Konzentration einiger weniger Marktteilnehmer.

6.4 Strategische Analyse intern

6.4.1 Zielsetzung und Fragen

Das Ziel innerhalb dieser Phase ist es, das Unternehmen und seine unterschiedlichen Bereiche zu analysieren. Zusätzlich wird der digitale Reifegrad des Unternehmens erhoben.

Die Phase „Strategische Analyse intern“ beantwortet folgende Fragen:

- Welche Bereiche unseres Unternehmens sollen analysiert werden?
- Welche Stärken und Schwächen haben wir in einzelnen Bereichen (ggf. im Vergleich zu aktuellen und zukünftigen Wettbewerbern)?

Prognose der Einflussfaktoren

Dimension Brainstorming von Einflussfaktoren je Dimensionen aus vorheriger Phase	**Zukünftige relevante Einflussfaktoren** Welche Einflussfaktoren für die Industrie, die Wertschöpfung und das Unternehmen zukünftig besonders relevant sind	**Zukünftige Ausprägung (en)** Ableitung von einer/mehreren möglichen Ausprägungen des Einflussfaktors und deren kurze zukünftige Beschreibung	**Zukünftige Eintrittswahr-scheinlichkeit** Bewertung von einer/mehreren Eintrittswahrscheinlich-keit/-en der Ausprägungen (z.B. in %, bzw. von 0 - unwahrscheinlich bis 10 – sehr wahrscheinlich)	**Zukünftiger Einfluss** Bewertung von einem/mehreren zukünftigen Einfluss/Einflüssen auf das Unternehmen (z.B. 0 – kein Einfluss bis 10 – sehr hoher Einfluss)	**Zukünftige Priorität** Festlegung der zukünftigen Priorität der Einflussfaktoren unter Berücksichtigung der Eintrittswahrscheinlichkeit und des Einflusses (z.B. 0 – keine Priorität bis 10 – sehr hohe Priorität)
Politische Einflussfaktoren					
Pot. Neueintritte					
...					

Abb. 6.5 Prognose der Einflussfaktoren (eigene Darstellung)

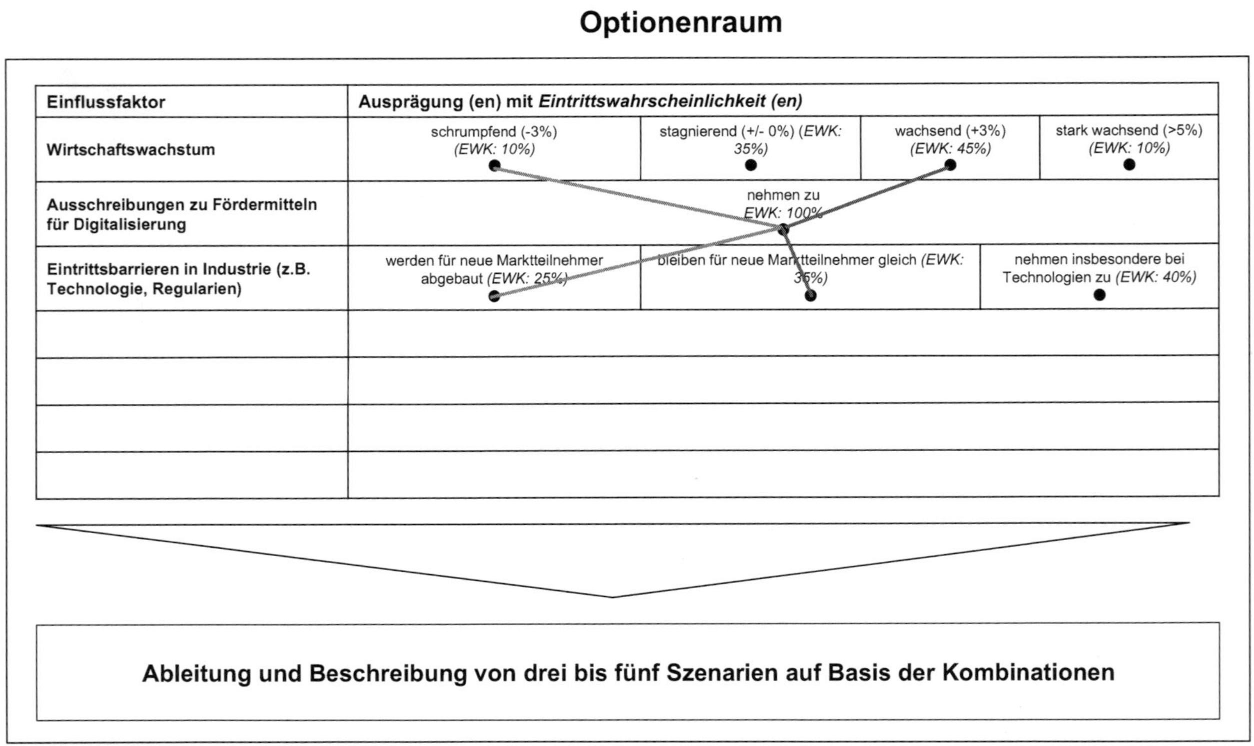

Abb. 6.6 Optionenraum für Einflussfaktoren (eigene Darstellung)

- Welche Initiativen im digitalen Kontext liegen aktuell vor und welche sind zukünftig geplant?
- Wie gestaltet sich der digitale Reifegrad unseres Unternehmens und weiterer Bereiche (ggf. ebenfalls im Vergleich zu aktuellen und zukünftigen Wettbewerbern)?

6.4.2 Aktivitäten und Instrumente

Im Rahmen der Aktivitäten werden Instrumente eingesetzt, um zielgerichtet Ergebnisse zu erarbeiten.

Analyse des Unternehmens
Die Analyse des Unternehmens betrachtet unterschiedliche Bereiche eines Unternehmens mit ihren Stärken und Schwächen im Vergleich zu Wettbewerbern. Zu den Bereichen gehören z. B. Organisation, Prozesse, IT, Infrastruktur, Systeme, Technologien, Fähigkeiten und aktuelle Initiativen. Dabei ist es wichtig, sich auf die relevanten Bereiche zu fokussieren und auch den Bezug im digitalen Kontext zu betrachten.

Die Analyse kann dabei in tabellarischer Form erfolgen, was exemplarisch in Abb. 6.7 dargestellt ist.

Wie im Rahmen von Unternehmensanalysen oftmals üblich, kann hierbei auch eine grafische Darstellung der Stärken und Schwächen im Vergleich zu den wichtigsten Wettbewerbern erfolgen.

Analyse des digitalen Reifegrads
Zusätzlich zu der Analyse des Unternehmens wird auch der digitale Reifegrad analysiert. Die Analyse des digitalen Reifegrads beinhaltet die Befähiger, die einen Beitrag zu Aktivitäten im digitalen Kontext leisten. Ferner gehören zur Analyse des Reifegrads die erzielten Ergebnisse aus Aktivitäten im digitalen Kontext (in Anlehnung an EFQM 2012, S. 9). Die Ergebnisse dienen somit als Beleg für erfolgreiche Aktivitäten im digitalen Kontext.

Zu den Befähigern und Ergebnissen gehören z. B. folgende Bereiche (in Anlehnung an: Schumacher et al. 2016, S. 164; Berghaus und Back

Analyse des Unternehmens

Bereich Auflistung von Bereichen, die im digitalen Kontext analysiert werden sollen	**Beschreibung** Kurze Beschreibung des jeweiligen Bereichs, insb. im dig. Kontext	**Stärken** Stärken innerhalb des Bereichs im dig. Kontext, auch im Vergleich zu Wettbewerbern	**Schwächen** Schwächen innerhalb des Bereichs im dig. Kontext, auch im Vergleich zu Wettbewerbern	**Relevanz** Relevanz des jeweiligen Bereiches für das Unternehmen, insb. im digitalen Kontext
Organisation				
IT/Infrastruktur				
Prozesse				
Fähigkeiten				
Aktuelle Initiativen				
…				

Abb. 6.7 Analyse des Unternehmens (eigene Darstellung)

2016, S. 104 f.; Lichtblau et al. 2015, S. 21; Westerman et al. 2011, S. 59–62; Koch et al. 2014, S. 41 ff.; Valdez-de-Leon 2016, S. 20 ff.; Rossmann et al. 2015, S. 10 f.):

Befähiger mit digitalem Reifegrad, Entwicklungspotenzial und Relevanz:

- **Organisation**: z. B. Aufbau- und Ablauforganisation, Prozesse, Verantwortlichkeiten
- **Kultur**: z. B. kulturelle Verankerung von Digitalisierung im Unternehmen, Sensibilisierung der Mitarbeiter, Kommunikation innerhalb des Unternehmens
- **Fähigkeiten**: z. B. fachliche und methodische Kompetenzen von Mitarbeitern und Führungskräften, IT-Know-how (Hardware-, Softwareanwendung/-entwicklung), Einsatz von Tools zur Zusammenarbeit
- **Technologien**: z. B. Technologieeinsatz, Technologiezugang, Infrastruktur
- **Netzwerk**: z. B. Zugang zu Partnern für Technologien, Know-how, Best Practice.

Ergebnisse mit digitalem Reifegrad, Entwicklungspotenzial und Relevanz:

- **Technologien**: z. B. entwickelte digitale Technologien
- **Produkte**: z. B. entwickelte smarte und vernetzte Produkte, Systemlösungen
- **Dienstleistungen**: z. B. entwickelte smarte Dienstleistungen, integrierte Dienstleistungen
- **Prozesse**: z. B. smarte Prozesse, automatisierte Prozesse, digitalisierte Prozesse
- **Geschäftsmodelle**: z. B. smarte Geschäftsmodelle, digitale Geschäftsmodelle, digitalisierte Geschäftsmodelle.

Es wird empfohlen, die Bereiche der Reifegradanalyse an unternehmensindividuelle Anforderungen anzupassen. Die Befähiger und Ergebnisse können jeweils anhand der folgenden Kriterien bewertet werden:

- **Digitaler Reifegrad** im Vergleich zum Wettbewerb (z. B. 1: Anfänger, ;2: Fortgeschrittener, 3: Erfahrener; 4: Experte)
- **Potenzial**, den Befähiger weiterzuentwickeln (z. B. 1: gering; 2: mittel; 3: hoch; 4: sehr hoch)
- **Relevanz** des Befähigers bzgl. dessen Weiterentwicklung (z. B. 1: gering; 2: mittel; 3: hoch; 4: sehr hoch).

In Abb. 6.8 ist die Analyse des Reifegrads exemplarisch dargestellt. Hierbei kann eine unternehmensindividuelle Anpassung vorgenommen werden. Ferner können für die Reifegrade auch unterschiedliche Stufen erläutert werden.

Die Analyse des Reifegrads sagt somit aus, wo das Unternehmen (inkl. der Geschäftsmodelle des Unternehmens) aktuell im digitalen Kontext, auch im Vergleich zu Wettbewerbern, steht. Ferner gibt die Analyse des Reifegrads Auskunft, ob und wie gut das Unternehmen aktuell und zukünftig in der Lage ist, eine Digitalstrategie und Projekte zu entwickeln und diese umzusetzen. Ferner können das Unternehmen und die Wettbewerber innerhalb einer Digitalstrategie-Matrix positioniert werden, die in der Phase „Strategische Optionen" erläutert ist.

Beispiel

Für die Analyse des Unternehmens aus der Energiewirtschaft könnten z. B. eine agile Organisation, teilautomatisierte interne und externe Prozesse und technisches Know-how vorliegen. Ferner liegen im Bereich aktueller Initiativen ein Chief Digital Officer, Digitaltage zur Information und Qualifikation der Mitarbeiter und Projekte zur Installation von Smart-Meter bei Nutzern vor. Im Vergleich zum Wettbewerb innerhalb der Region weist das Unternehmen in den einzelnen Bereichen besondere Stärken auf. Daraus lässt sich ableiten, dass der aktuelle digitale Reifegrad mit mittel zu bewerten ist.

Analyse des digitalen Reifegrads

Befähiger Auflistung von Befähigern, die im digitalen Kontext analysiert werden sollen	**Digitaler Reifegrad (1-4)**	**Potenzial (1-4)**	**Relevanz (1-4)**
Organisation			
Kultur			
Fähigkeiten			
Technologien			
Netzwerk			
Ergebnisse Auflistung von Ergebnissen, die im digitalen Kontext analysiert werden sollen	**Digitaler Reifegrad (1-4)**	**Potenzial (1-4)**	**Relevanz (1-4)**
Technologien			
Produkte			
Dienstleistungen			
Prozesse			
Geschäftsmodelle			

Abb. 6.8 Analyse des digitalen Reifegrads (eigene Darstellung)

6.5 Formulierung strategisches Leitbild

6.5.1 Zielsetzung und Fragen

Das Ziel innerhalb dieser Phase ist es, auf Basis der vorangegangenen Phasen aktuelle und zukünftige Handlungsfelder im digitalen Kontext zu identifizieren und ein strategisches Leitbild für das Unternehmen zu entwickeln

Die Phase „Formulierung strategisches Leitbild" beantwortet folgende Fragen:

- Welche aktuellen und zukünftigen Handlungsfelder sind im digitalen Kontext für uns relevant?
- Welche Ideen und Ansätze können im Hinblick auf unsere Prozesse, die Kundenerfahrung und unser gesamtes Unternehmen gewonnen werden?
- Wie können wir für unser Unternehmen ein strategisches Leitbild im digitalen Kontext entwickeln?

6.5.2 Aktivitäten und Instrumente

Im Rahmen der Aktivitäten werden Instrumente eingesetzt, um zielgerichtet Ergebnisse zu erarbeiten.

Ableitung von aktuellen und zukünftigen Handlungsfeldern im digitalen Kontext

Auf Basis der Analyse der Einflussfaktoren aus der „Strategischen Analyse extern", den entwickelten Szenarien aus der „Strategischen Prognose" sowie aus der aktuellen Situation des Unternehmens und dem digitalen Reifegrad der „Strategischen Analyse intern" werden nun Handlungsfelder abgeleitet. Diese Handlungsfelder lassen sich in aktuelle (kurzfristige) und zukünftige (mittel- bis längerfristige) Handlungsfelder unterscheiden. Aktuelle Handlungsfelder sind z. B. dringend, wirksam, sowie einfach, schnell und günstig umsetzbar. Zukünftige Handlungsfelder sind strategisch relevant und ebenfalls wirksam, allerdings schwieriger und mit höherem Zeit- und Kostenaufwand umsetzbar.

In Abb. 6.9 ist die Ableitung von aktuellen und zukünftigen Handlungsfeldern exemplarisch dargestellt.

Die Handlungsfelder beinhalten erste Ideen und Ansätze zu Operational Excellence (OP-EX; Prozesse), zu Customer Experience (CU-EX; Kundenerfahrung) oder zu Digital Excellence (DI-EX; gesamtes Unternehmen). Sie werden mit den aktuellen und geplanten Initiativen des Unternehmens im digitalen Kontext abgeglichen und in den Gesamtkontext der Digitalstrategie eingeordnet.

Formulierung des strategischen Leitbilds im digitalen Kontext

Im Anschluss an die Ableitung von Handlungsfeldern wird das strategische Leitbild für das Unternehmen im digitalen Kontext entwickelt, das folgende Bestandteile hat: Vision, Mission, strategische Ziele, strategische Erfolgsfaktoren und Werte.

Für die Bestandteile liegen folgende Leitfragen vor:

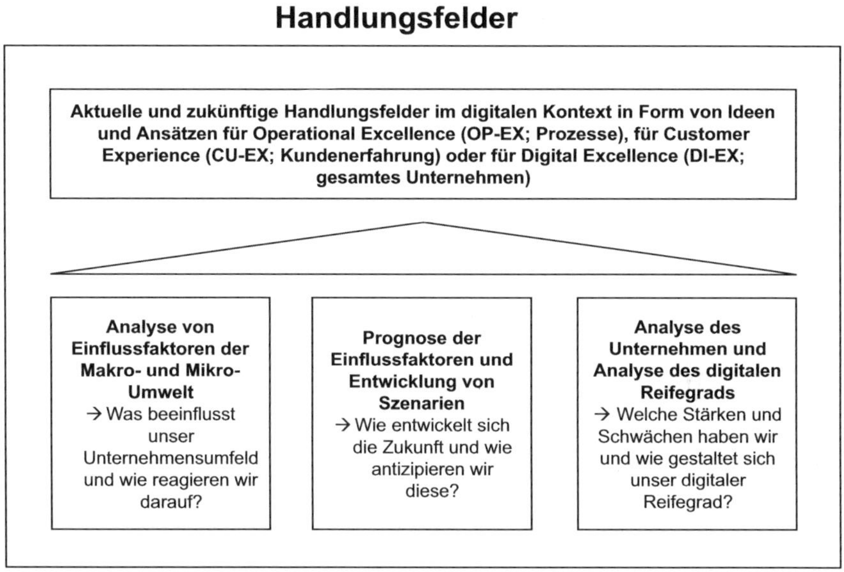

Abb. 6.9 Ableitung von Handlungsfeldern (eigene Darstellung)

- Vision: Wo möchten wir mit unserem Unternehmen im digitalen Kontext in Zukunft (z. B. fünf Jahre) stehen?
- Mission: Für wen erfüllen wir welchen Auftrag im digitalen Kontext?
- Strategische Ziele: Welche fünf bis sieben strategischen Ziele sind im digitalen Kontext für uns relevant?
- Strategische Erfolgsfaktoren: Welche Faktoren liegen für den strategischen Erfolg unseres Unternehmens im digitalen Kontext vor?
- Werte: Welche Werte sind für unser Unternehmen im digitalen Kontext relevant?

Das formulierte strategische Leitbild im digitalen Kontext wird mit dem vorhandenen strategischen Leitbild der Unternehmensstrategie abgeglichen, sofern dieses vorliegt.

In Abb. 6.10 sind die Bestandteile des Leitbilds einer Digitalstrategie dargestellt.

Das Leitbild dient der langfristigen und strategischen Ausrichtung des Unternehmens im digitalen Kontext. Es stellt eine Basis für die Ableitung strategischer Optionen dar, was im nachfolgenden Kapitel erläutert wird.

Beispiel

Für unser Unternehmen aus der Energiewirtschaft können z. B. folgende Handlungsfelder identifiziert werden: Schulung aller Abteilungsleiter in Bezug auf die digitale Transformation ihres Bereichs, Anstoßen von Kooperationen mit Forschungseinrichtungen und Initiierung eines Digitalisierungsrates bestehend aus unterschiedlichen Stakeholdern.

Bzgl. des Leitbilds könnten folgende Punkte relevant sein:

- **Vision**: Wir sind innerhalb von D-A-CH das digitale Energieunternehmen.
- **Mission**: Wir bieten unseren Kunden eine Transparenz hinsichtlich ihres Energiebedarfs und -verbrauches und unterstützen ebenfalls bei der Energieoptimierung. Digitalisierung stellt dabei einen wesentlichen Befähiger dar.
- **Strategische Ziele**: Vollständige Digitalisierung und Automatisierung unserer internen Prozesse bis 2024; Schaffung einer idealen digitalen Kundenerfahrung durch Vernetzung mit Kunden (>75 % bis 2022); hohes Servicelevel durch Nutzung digitaler Potenziale etc.
- **Strategische Erfolgsfaktoren**: Know-how zur Digitalisierung bzw. zur Erstellung von digitalen Leistungen; Arbeit in Netzwerken mit Zugang zu digitalem Know-how; Verständnis und Begeisterung bei Führungskräften und Mitarbeitern zum Thema Digitalisierung etc.
- **Werte**: Verantwortungsvoller Umgang mit dem Thema Digitalisierung; Respekt vor Meinungen/Ängsten im Hinblick auf Digitalisierung; Nachhaltigkeit bzgl. Initiativen im digitalen Kon-text etc.

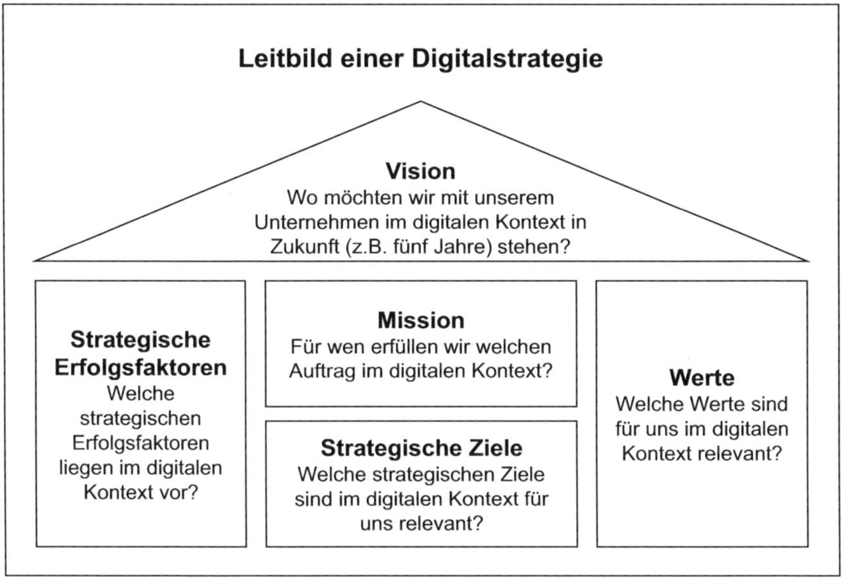

Abb. 6.10 Leitbild einer Digitalstrategie (eigene Darstellung)

6.6 Ableitung strategische Optionen

6.6.1 Zielsetzung und Fragen

Das Ziel innerhalb dieser Phase ist es, strategische Optionen abzuleiten, diese zu bewerten und eine strategische Option auszuwählen. Hierfür werden generische Digitalstrategien eingesetzt und die Ergebnisse der vorangegangenen Phasen, insbesondere das strategische Leitbild, herangezogen.

Die Phase „Ableitung strategische Optionen" beantwortet folgende Fragen:

- Welche strategischen Optionen können wir für unsere Digitalstrategie ableiten?
- Wo liegt innerhalb der Digitalstrategie-Matrix unser Ausgangspunkt und welche der generischen Digitalstrategien stellen eine Option für uns dar?

- Wie lassen sich diese strategischen Optionen im Hinblick auf externe Einflussfaktoren, zukünftige Szenarien, unser Unternehmen, unseren digitalen Reifegrad und Wettbewerber bewerten?
- Welche strategische Option unterstützt primär die Umsetzung unseres strategischen Leitbilds?

6.6.2 Aktivitäten und Instrumente

Im Rahmen der Aktivitäten werden Instrumente eingesetzt, um zielgerichtet Ergebnisse zu erarbeiten.

Ableitung von strategischen Optionen
Um geeignete strategische Optionen abzuleiten, werden generische Digitalstrategien eingesetzt, die sich an folgenden zwei Dimensionen orientieren:

- **Leistungen**: Worauf wird der Fokus im Hinblick auf die Leistungen gelegt? Welche Leistungen werden primär erbracht? Liegt der Fokus auf materiellen Leistungen (z. B. Produkte und Komponenten) oder auf immateriellen Leistungen (z. B. Dienstleistungen und Informationen)?
- **Rolle**: Worauf wird der Fokus im Hinblick auf die Rolle gelegt? Welche Rolle wird primär eingenommen? Liegt der Fokus auf der Erstellung von Leistungen oder auf dem Aufbau und dem Betrieb einer Plattform?

Die beiden Dimensionen lassen sich miteinander kombinieren, wodurch sich vier generische Digitalstrategien ableiten lassen, die in Abb. 6.11 dargestellt sind (Schallmo et al. 2019b).

Die vier generischen Digitalstrategien sind nachfolgend kurz erläutert:

Product Provider
Hierbei liegt der Fokus auf der Bereitstellung von materiellen Leistungen, wie z. B. Produkte und Komponenten. Diese materiellen Leistungen

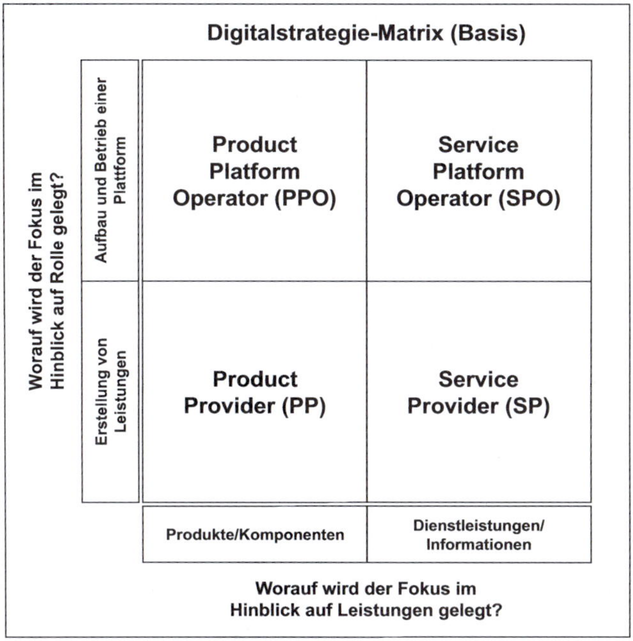

Abb. 6.11 Digitalstrategie-Matrix (Basis) (eigene Darstellung)

werden dann entweder selbst direkt oder auf einer Plattform bzw. einem Plattform-Betreiber angeboten. Beispiele sind hierfür: Hersteller von Notebooks und Hersteller von Automobilzulieferteilen.

Service Provider

Diese generische Digitalstrategie stellt primär immaterielle Leistungen, wie Dienstleistungen und Informationen bereit. Diese werden dann, analog zum Product Provider, entweder direkt oder auf einer Plattform bzw. einem Plattform-Betreiber angeboten. Beispiele sind hierfür: Versicherungsunternehmen und Logistikdienstleiter.

Product Platform Operator

Im Rahmen dieser generischen Digitalstrategie liegt der Schwerpunkt auf den Aufbau und dem Betrieb einer Produkt-Plattform. Hierbei werden eigene/fremde materielle Leistungen einzeln oder als Bündel auf einer

Plattform angeboten. Beispiele sind hierfür: Online-Händler für Elektronikartikel und Online-Händler für Schuhe.

Service Platform Operator
Die generische Digitalstrategie des Service Platform Operator fokussiert sich primär auf den Aufbau und den Betrieb einer Dienstleistungs-Plattform. Hierbei werden eigene/fremde immaterielle Leistungen einzeln oder als Bündel auf einer Plattform angeboten. Beispiele sind hierfür: Vergleichsplattform für Strom und Plattform für die Vermittlung von Übernachtungen.

Die vier generischen Digitalstrategien stellen Reinformen dar, das bedeutet, dass dies vier generelle strategische Stoßrichtungen sind, die allerdings auch miteinander zu Mischformen kombiniert werden können. Die generischen Digitalstrategien und Mischformen sind in Kap. 7 näher erläutert.

Bewertung und Auswahl von strategischen Optionen
Die abgeleiteten strategischen Optionen werden nun bewertet. Hierbei stehen einerseits die angestrebten strategischen Positionen und andererseits die möglichen Pfade im Vordergrund.

Im Rahmen der Bewertung können dabei z. B. folgende Kriterien und Fragen relevant sein:

- **Strategische Sicht**: Welche strategische Position und welchen Pfad möchten wir anhand unseres strategischen Leitbilds auswählen?
- **Rechtliche Sicht**: Welche strategische Position und welchen Pfad dürfen wir aus rechtlicher Sicht (z. B. Kartellrecht) auswählen?
- **Interne Sicht**: Welche strategische Position und welchen Pfad können wir aus interner Sicht (z. B. Digitaler Reifegrad, Ressourcen, Fähigkeiten, Passung mit Unternehmenskultur, Stärken, Schwächen) auswählen?
- **Externe Sicht**: Welche strategische Position und welchen Pfad sollten wir aus externer Sicht (z. B. Kundenanforderungen, Wettbewerbsaktivitäten und -szenarien) auswählen?
- **Chancen-Risiko-Sicht**: Welche Chancen und Risiken ergeben sich für die jeweilige strategische Position und den Pfad?

Als Ergebnis liegen bewertete strategische Optionen vor, von denen eine ausgewählt wird.

> **Beispiel**
>
> Unser Unternehmen aus der Energiewirtschaft könnte sich dazu entscheiden, statt Produktanbieter (z. B. Gas) zu sein, in Zukunft auch mehr Dienstleistungen (z. B. Energieberatung) anzubieten und zusätzlich ein Kundenportal zu betreiben, auf dem auch Leistungen Dritter integriert und angeboten werden. Somit würde das Unternehmen die Digitalstrategie des Product and Service Platform Operator (Mischform) anstreben.

6.7 Formulierung der Digitalstrategie

6.7.1 Zielsetzung und Fragen

Das Ziel dieser Phase ist es, die Digitalstrategie, auf Basis der ausgewählten strategischen Option, auszuformulieren. Dazu werden Projekte und Maßnahmen definiert und ein Abgleich mit der Unternehmensstrategie und dem erstellten Leitbild wird vorgenommen. In Kombination mit dem entwickelten Leitbild stellen die Projekte und Maßnahmen die Digitalstrategie dar.

Die Phase „Formulierung der Digitalstrategie" beantwortet folgende Fragen:

- Wie lässt sich auf Basis der ausgewählten strategischen Option eine Digitalstrategie für unser Unternehmen formulieren?
- Wie lässt sich die Digitalstrategie in Form von Projekten und Maßnahmen umsetzen?
- Worauf soll im Rahmen der Strategieformulierung der Fokus gelegt werden?
- Wie können wir das erstellte Leitbild und die bestehende Unternehmensstrategie berücksichtigen?

6.7.2 Aktivitäten und Instrumente

Im Rahmen der Aktivitäten werden Instrumente eingesetzt, um zielgerichtet Ergebnisse zu erarbeiten.

Ausprägung der strategischen Option

Die zuvor ausgewählte strategische Option wird nun in Form einer Digitalstrategie konkretisiert. Dabei werden Projekte und Maßnahmen definiert, die, je nach Auswahl der strategischen Option, den Fokus auf Operational Excellence (OP-EX; Prozesse), Customer Experience (CU-EX; Kundenerfahrung) bzw. Digital Excellence (DI-EX; gesamtes Unternehmen) legen, was in Abb. 6.12 dargestellt ist.

Operational Excellence betrifft dabei Digitalisierung von Prozessen des Unternehmens, die mittels Projekten und Maßnahmen z. B. schneller, stabiler und günstiger ausgeprägt werden können. Operational Excellence ist dabei primär intern gerichtet und wendet sich danach an Kunden und Partner.

Customer Excellence betrifft die digitale Kundenerfahrung, die ebenfalls mittels Projekten und Maßnahmen ansprechender gestaltet werden

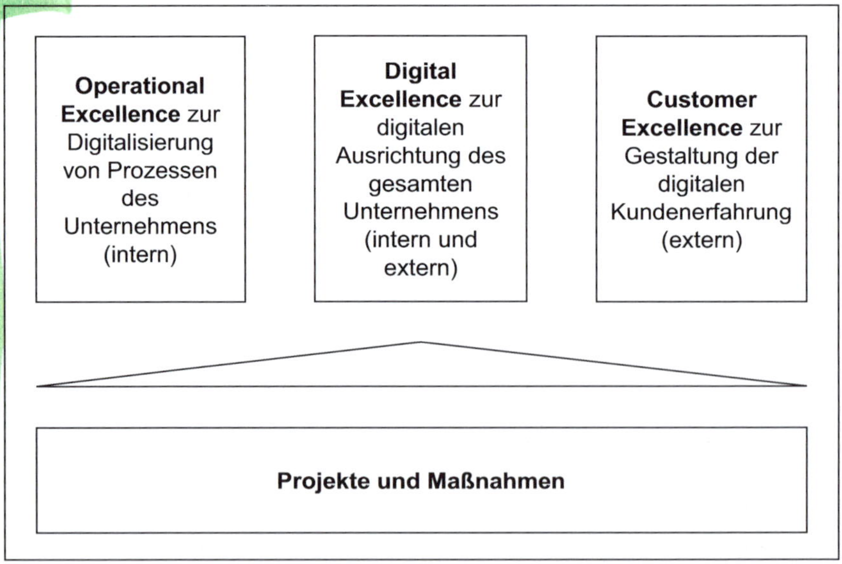

Abb. 6.12 Möglicher Fokus von Projekten und Maßnahmen (eigene Darstellung)

soll. Customer Excellence ist primär extern gerichtet und wendet sich danach an die interne Umsetzung dieser digitalen Kundenerfahrung.

Digital Excellence betrifft das Unternehmen insgesamt und vereint Operational Excellence mit Customer Experience. Dabei werden Projekte und Maßnahmen, unabhängig von der externen oder internen Orientierung, abgeleitet.

Abgleich mit dem erstellten Leitbild und der Unternehmensstrategie
Die ausgeprägte strategische Option wird nun mit dem Leitbild, das in der vierten Phase erstellt wurde, abgeglichen. Es erfolgt ebenfalls ein Abgleich mit der Unternehmensstrategie, sofern diese vorhanden ist. Bei Bedarf wird das strategische Leitbild angepasst. Gemeinsam mit den Projekten und Maßnahmen stellt es die Digitalstrategie dar, was in Abb. 6.13 dargestellt ist.

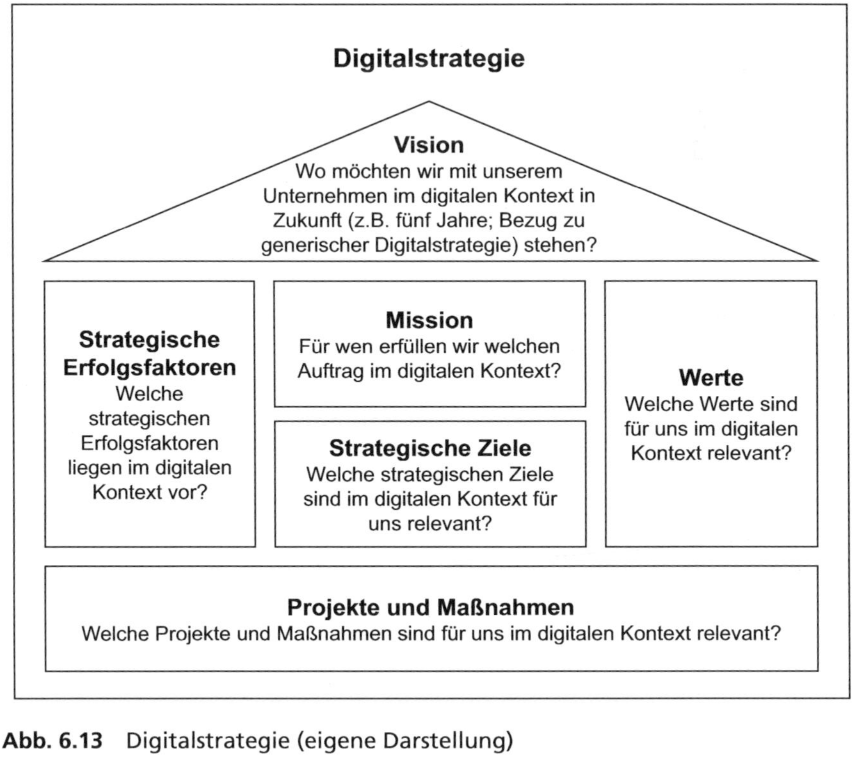

Abb. 6.13 Digitalstrategie (eigene Darstellung)

Vorgehensmodell zur Entwicklung einer Digitalstrategie

	1 Strategische Analyse extern	2 Entwicklung von Szenarien	3 Strategische Analyse intern	4 Formulierung strategisches Leitbild	5 Ableitung strategische Optionen	6 Formulierung Digitalstrategie
Ziele	○ Analyse von Einflussfaktoren aus der Makro- und Mikro-Umwelt	○ Entwicklung von Szenarien auf Basis der Einflussfaktoren	○ Analyse des Unternehmens und des digitalen Reifegrads	○ Entwicklung des strategischen Leitbilds	○ Festlegung von strategischen Optionen	○ Formulierung der Digitalstrategie
Aktivitäten	➢ Analyse der Einflussfaktoren aus der Makro-Umwelt, insb. Technologien ➢ Analyse der Einflussfaktoren aus der Mikro-Umwelt, insb. Kunden und Wettbewerber	➢ Prognose für Einflussfaktoren der Makro- und Mikro-Umwelt ➢ Entwicklung von Szenarien	➢ Analyse des Unternehmens, z.B. Organisation, Prozesse, IT, Infrastruktur, Systeme, Technologien, Fähigkeiten und aktuelle Initiativen im digitalen Kontext ➢ Analyse des digitalen Reifegrads	➢ Ableitung von aktuellen und zukünftigen Handlungsfeldern im digitalen Kontext ➢ Entwicklung der Vision, Mission, strategischen Ziele, strategischen Erfolgsfaktoren und Werte im digitalen Kontext	➢ Ableitung von strategischen Optionen auf Basis generischer Digitalstrategien ➢ Bewertung von strategischen Optionen ➢ Auswahl strategischer Optionen	➢ Ausprägung der strategischen Optionen mit Projekten und Maßnahmen mit Fokus auf OP-EX, CU-EX und DI-EX ➢ Abgleich mit erstelltem Leitbild und mit der Unternehmens-strategie
Ergebnisse	✓ Aktuelle Einflussfaktoren aus der Makro-Umwelt ✓ Aktuelle Einflussfaktoren aus der Mikro-Umwelt	✓ Szenarien für die Makro- und Mikro-Umwelt	✓ Aktuelle Ausprägung des Unternehmens ✓ Digitaler Reifegrad	➢ Aktuelle und zukünftige Handlungsfelder im digitalen Kontext ➢ Strategisches Leitbild im digitalen Kontext	✓ Bewertete strategische Optionen	✓ Digitalstrategie mit Projekten und Maßnahmen

Abb. 6.14 Vorgehensmodell zur Entwicklung einer Digitalstrategie (eigene Darstellung)

Beispiel

Für unser Unternehmen aus der Energiewirtschaft könnten z. B. folgende Projekte abgeleitet werden: Ausbau der agilen Organisation (z. B. mittels Schulungen der Mitarbeiter und Restrukturierung); Ausbau des digitalen Know-hows und Aufbau von Kooperationen (z. B. mittels der Etablierung einer digitalen Einheit, Einstellung eines Chief Digital Officers und Gründung eines Netzwerks für Digitalisierung in der Energiewirtschaft); Sensibilisierung und Begeisterung von Mitarbeitern (z. B. mittels Digitaltagen und Informationen im Intranet).

6.8 Zusammenfassung in einem Vorgehensmodell

In Abb. 6.14 sind die einzelnen Phasen jeweils mit der Zielsetzung, den Aktivitäten und den Ergebnissen zusammengefasst.

Diese Digitalstrategie ist der Ausgangspunkt, um bestehende Geschäftsmodelle digital zu transformieren oder neue digitale Geschäftsmodelle zu entwickeln. Das Vorgehensmodell verfolgt das Ziel, auf strukturierte Weise eine Digitalstrategie zu entwickeln. Neben der Anwendung des gesamten Vorgehensmodells besteht auch die Möglichkeit, das Vorgehensmodell an unternehmensindividuelle Anforderungen anzupassen. Dabei können z. B. einzelne Phasen und Aktivitäten zusammengefasst bzw. übersprungen werden.

7 Generische Digitalstrategien

Je nach Ausgangslage und Zielsetzung bieten die vier generischen Digitalstrategien unterschiedliche Einstiegspunkte sowie Entwicklungsmöglichkeiten. Das heißt, dass ein Unternehmen z. B. aktuell ein Product Provider ist und sich zukünftig zu einem Product Platform Provider entwickeln möchte. Mit Hilfe der vier generischen Digitalstrategien können somit für das Unternehmen strategische Optionen abgeleitet werden, die dazu dienen, die wahrscheinlichsten Szenarien zu antizipieren. Ferner können auch strategische Optionen abgeleitet werden, um selbst (Mit-) Gestalter von Szenarien zu sein.

Die strategischen Optionen beinhalten somit die aktuellen Positionen des eigenen Unternehmens und die von Wettbewerbern; ferner können zukünftige Positionen innerhalb der Digitalstrategie-Matrix abgebildet werden.

In Abb. 7.1 sind einige Unternehmen aus dem Mobilitätssektor mit ihren jeweiligen Positionen dargestellt. Ein Unternehmen, das derzeit z. B. ein Product Provider ist (Mercedes Benz), könnte sich dazu entscheiden, sich zukünftig in Richtung eines Service Platform Providers zu entwickeln. Car2go ist z. B. solch ein Service Platform Provider. Weitere bestehende Service Platform Provider sind z. B.: FlixBus, BlaBlaCar und

D. R. A. Schallmo, J. Lohse, *Digitalstrategien erfolgreich entwickeln*,
https://doi.org/10.1007/978-3-658-31242-8_7

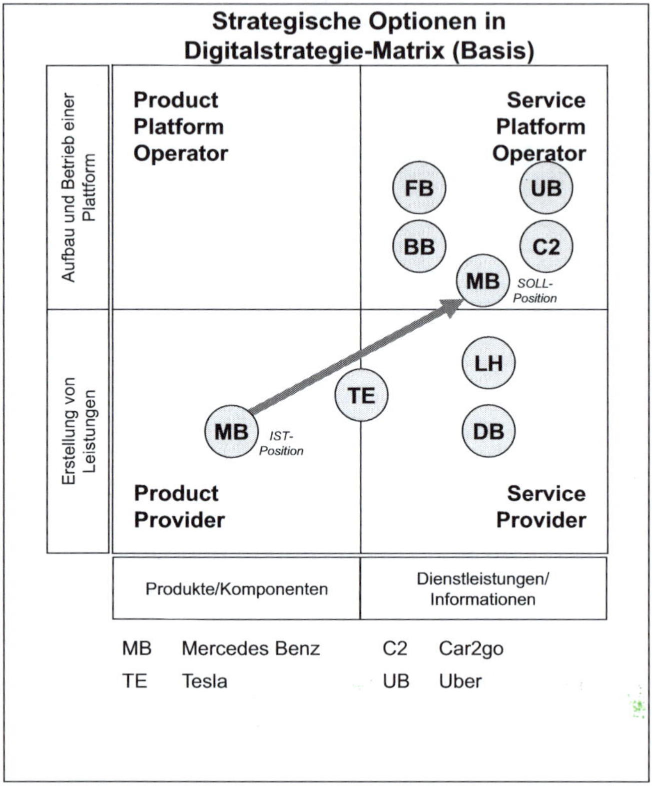

Abb. 7.1 Digitalstrategie-Matrix für den Mobilitätssektor (eigene Darstellung)

Uber. Im Gegensatz dazu sind z. B. Lufthansa und die Deutsche Bahn Service Provider.

Die vier skizzierten generischen Digitalstrategien stellen Reinformen dar, die in der Praxis allerdings häufig auch als Mischformen auftreten (Schallmo et al. 2019a). So kann z. B. ein Online-Händler für Elektronikartikel (Produkt) auch eine Versicherung und eine Finanzierung (Dienstleistung) anbieten. Entscheidend bei der Einordnung und Auswahl einer strategischen Option ist der Schwerpunkt, der aktuell bzw. zukünftig verfolgt wird. Diese Mischformen sind in Abb. 7.2 dargestellt.

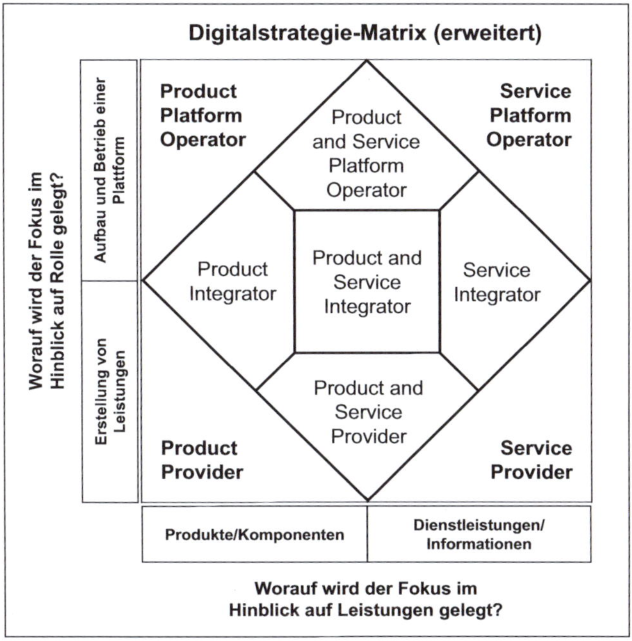

Abb. 7.2 Digitalstrategie-Matrix (erweitert) (eigene Darstellung)

In Tab. 7.1 sind Unternehmen mit einer Kurzbeschreibung, ihrem Fokus sowie ihren Schwerpunkten der jeweiligen generischen Digitalstrategie exemplarisch dargestellt.

Tab. 7.1 **Auflistung von Beispielunternehmen und generische Digitalstrategien**

Unternehmen	Kurzbeschreibung	Fokus	PP	SP	PPO	SPO	PSP	PSPO	PI	SI	PSI
Airbus	Flugzeughersteller	B2B					●				
Alibaba.com	Handels- und Kommunikationsplattform	B2B			●			○			
Amazon	Online #-Versandhändler	B2C/ B2B			○			●	○		
Apple	Technologiekonzern	B2C/ B2B							○		●
Bosch-Gruppe	Automobilzulieferer und Technologiekonzern	B2C/ B2B					●				○
Check24	Online-Preisvergleichsportal	B2C						●			
Conrad Electronic	Elektronik-Versandhändler	B2C/ B2B							●		
Deutsche Bahn	Eisenbahnverkehrs- und Eisenbahninfrastrukturunternehmen	B2C/ B2B		●						○	
GE	Mischkonzern	B2B					○				●
GfK	Marktforschungsinstitut	B2B		●							
H&M	Textilhandelsunternehmen	B2C	●						○		
Home 24	Onlinehändler für Möbel	B2C			●						
Netflix	Streaming-Dienst für Filme und Serien	B2C				●				○	
niiio finance group	Finanzdienstleister	B2C/ B2B								●	
SAP	Softwarekonzern für ERP-Systeme	B2B	○								●
Share Now	Carsharing-Anbieter	B2C								●	
Sixt	Autoverleih	B2C/ B2B		●						○	
Swapfiets	Fahrradvermietung und -wartung	B2C						●			
Uber	Plattformbasierter Mobilitätsvermittler	B2C				●					
Upwork	Netzwerk für Freelancer	B2B				●					

Unternehmen	Kurzbeschreibung	Fokus	PP	SP	PPO	SPO	PSP	PSPO	PI	SI	PSI
Valve	Softwareunternehmen und Plattformanbieter für Computerspiele	B2C							●		
vmware	Unternehmen für Cloud Computing	B2B	○						●		
Voith Gruppe	Maschinenbauunternehmen	B2B					●				○
Volkswagen	Automobilkonzern	B2C/ B2B	●	○							
Würth	Großhandelskonzern für Befestigungs- und Montagetechnik	B2B	●						○		
Zalando	Online-Versandhändler für Mode	B2C			●						
ZDF	Öffentlich-rechtliche Sendeanstalten	B2C								●	

PP: Product Provider
SP: Service Provider
PI: Product Integrator
SI: Service Integrator
● erfüllt
○ teilweise erfüllt
nicht erfüllt

PPO: Product Plattform Operator
SPO: Service Plattform Operator
PSI: Product and Service Integrator

B2C: Business to Customer
B2B: Business to Business

PSP: Product and Service Provider
PSPO: Product and Service Platform Operator

8
Zusammenfassung

Im Rahmen der vorliegenden Untersuchung haben wir die Grundlagen zur Digitalstrategie aufgezeigt und sind dabei auf bestehende Definitionen eingegangen. Neben einer eigenen Definition haben wir die Bestandteile einer Digitalstrategie betrachtet und eine Abgrenzung zwischen Digitalstrategie und Unternehmensstrategie vorgenommen. Zusätzlich haben wir die Einordnung der Digitalstrategie in den Gesamtkontext der Digitalisierung aufgezeigt.

Im Anschluss haben wir sechs Fallstudien aus unterschiedlichen Branchen zur Entwicklung einer Digitalstrategie präsentiert und miteinander vergleichen. Als Ergänzung zu den Fallstudien haben wir Interviews mit Wissenschaftlern und Unternehmensberatern durchgeführt, um Erkenntnisse aus der Wissenschaft und der Praxis zu gewinnen. Ferner haben wir acht Ansätze zur Entwicklung einer Digitalstrategie anhand eines einheitlichen Rasters beschrieben und miteinander verglichen.

Auf Basis der gewonnenen Erkenntnisse haben wir einen integrativen Ansatz zur Entwicklung von Digitalstrategien erarbeitet. Der Ansatz wurde anhand seiner einzelnen Phasen detailliert erläutert und in einem Vorgehensmodell zusammengefasst.

D. R. A. Schallmo, J. Lohse, *Digitalstrategien erfolgreich entwickeln*,
https://doi.org/10.1007/978-3-658-31242-8_8

Innerhalb der „Strategischen Analyse extern“ erfolgt die Analyse von Einflussfaktoren der Makro- und Mikro-Umwelt. Bei der Makro-Umwelt liegt dabei der Fokus auf Technologien und Technologietrends. Innerhalb der Mikro-Umwelt liegt der Fokus auf Kunden und Wettbewerbern. Die relevanten Einflussfaktoren werden abschließend aus heutiger Sicht bewertet und priorisiert.

Innerhalb der „Entwicklung von Szenarien“ werden die erhobenen Einflussfaktoren aus der vorherigen Phase hinsichtlich ihrer zukünftigen Relevanz ausgewählt und anschließend bewertet und priorisiert. Dabei liegt der Fokus auf der zukünftigen Entwicklung, um darauf aufbauend für die Makro- und Mikro-Umwelt Szenarien abzuleiten.

Im Rahmen der „Strategische Analyse intern“ wird das Unternehmen analysiert. Hierbei können z. B. folgende Bereiche betrachtet werden: Organisation, Prozesse, IT, Infrastruktur, Systeme, Technologien, Fähigkeiten und Initiativen im digitalen Kontext. Dabei geht es um eine Bestandsaufnahme der Stärken und Schwächen (z. B. im Vergleich zu Wettbewerbern) in dem jeweiligen Bereich. Zusätzlich wird der digitale Reifegrad (z. B. einzelne Bereiche, Unternehmen, Geschäftsmodell) analysiert.

Die Phase „Formulierung strategisches Leitbild“ kombiniert die Ergebnisse der ersten drei Phasen und identifiziert zunächst aktuelle und zukünftige Handlungsfelder. Anschließend wird das strategische Leitbild im digitalen Kontext entwickelt. Dieses Leitbild beinhaltet folgende Bestandteile: Vision, Mission, strategische Ziele, strategische Erfolgsfaktoren und Werte.

In der Phase „Ableitung strategische Optionen“ werden mit Hilfe von generischen Digitalstrategien nun strategische Optionen im digitalen Kontext für das Unternehmen abgeleitet. Zu den generischen Digitalstrategien gehören der Product Provider, der Service Provider, der Product Platform Operator und der Service Platform Operator. Hierbei kommen ebenfalls die Ergebnisse der vorangegangenen Phasen, insbesondere das entwickelte strategische Leitbild, zum Einsatz.

Die letzte Phase „Formulierung Digitalstrategie“ beinhaltet die Ausprägung der Digitalstrategie auf Basis der relevanten strategischen Option mit Projekten und Maßnahmen. Hierbei erfolgt auch ein Abgleich mit der Unternehmensstrategie und dem erstellten Leitbild. In Kombination mit dem entwickelten Leitbild stellen die Projekte und Maßnahmen die Digitalstrategie dar.

Anschließend haben wir generische Digitalstrategien vorgestellt, die als Optionen für Unternehmen dienen. Die strategischen Digitalstrategien sind: Product Provider, Service Provider, Product Platform Operator und Service Platform Operator.

Anhang

Vergleichstabellen zu Fallstudien (detailliert)

D. R. A. Schallmo, J. Lohse, *Digitalstrategien erfolgreich entwickeln*,
https://doi.org/10.1007/978-3-658-31242-8

			U1	U2	U3	U4	U5	U6	U7	U8	U9	U10
Verständnis und Einordnung	Begriff	Strategische Bündelung von Reaktionen auf die Digitalisierung von Gesellschaft und Technologie zur Erhaltung der Wettbewerbsfähigkeit			●	●	○		●	○	○	
		Beschäftigung mit kleineren Aktivitäten bis hin zu(m) gesamten Geschäfts modell(en)	○	●			○					
	Einordnung	Ableitung von eigenständiger DS von US	●		○	●	●	●	●	●	●	
		DS und US sind dasselbe		○								●
		DS-Anteil an US abhängig von digitaler Reife. Trennung nur während Transformationsprozess		●			○			○	●	○
		Fokus sowohl „nach innen“ (Operational Excellence) als auch „nach außen“ (Customer Experience)		●	●	●	●	●	○	●	●	
		Fokus kann letztlich Schwerpunkt „nach innen“ oder „nach außen“ haben	●	○					●			●

Erfolgsfaktoren	Ganzheitlicher Ansatz statt Delegation an Abteilungen, sonst Aktivitäten- und Daten-Silos						●		●	○	
	Schnelligkeit, Einfachheit vor Perfektion und Komplexität								●	○	○
	Überzeugte Geschäftsleitung mit Kompetenz, Risikobereitschaft und vollem Commitment		●	●		●	●	●		●	●
	Kulturelle(r) Transformation und Wandel	○	●		●		●	●			○
	„Richtiges“ und qualifiziertes Team			●						○	●
	Digitalisierung nicht als Selbstzweck					●			●	●	
	Vertrauen und Unterstützung durch die Shareholder				●						
	Ängste nehmen und Vertrauen bei den Mitarbeitern schaffen								●		
	Richtiger Umgang mit neuen innovativen Wettbewerbern (Build, Partner und gmh Invest)										●

● erfüllt
○ teilweise erfüllt
nicht erfüllt

S: Digitalstrategie
US: Unternehmensstrategie

			U1	U2	U3	U4	U5	U6	U7	U8	U9	U10
Veranke-rung	Organisato-rische Verankerung	Aktivitäten der DS müssen maßgeblich durch die Geschäftsleitung vorangetrieben werden		●				●			●	
		Er- und Bearbeitung der DS eher durch parallele und autonome Strukturen, Abteilungen, Plattformen, Startups etc.			○	●	●		●	●		●
		Er- und Bearbeitung der DS eher kontextuell und cross-funktional über vorh. Linien-Orga-nisation	○		●		●	●	○		●	
		Einsteuerung durch „Top-Down"-Ansatz		●		●	○	●	●		●	○
		Einsteuerung durch „Bottom-Up"-Ansatz	●				○	○	●			
	Kulturelle Verankerung	Motivation durch bedingungslose Überzeugung und Vorleben durch die Geschäftsleitung		●		○	●		●		●	
		Einbindung und gezielte Auswahl innovativer, unternehmerisch denkender Mitarbeiter		●	●	●	●				○	
		Ausgepräge Fehlerkultur (echtes „Trial-and Error") und Transparenz bei Entscheidungen							●	●	●	
		Gezielte Schulung der Mitarbeiter in Technolo-gie bzw. Methodiken			●	●		●	●	●		

Vorgehensmodell	Bestandteile	Anlehnung an klassischem Strategieentwicklungs-prozess (Leitbild, Analyse, Strategieentwicklung, Umsetzung)	●	●	○	●		○	○	●	○	○
		Anlehnung an Plan, Do, Check, Act (PDCA-Zyklus/Demming Kreis)								○	●	
	Techniken	Anwendung klassischer und statischer Techniken (SWOT, Porter's 5 Forces, PESTEL etc.) bei DS-Entwicklung		●	○	●	○	●	○		○	●
		Anwendung agiler und dynamischer Techniken (Design Thinking, Scrum etc.) bei DS-Entwicklung					○				○	
		Anwendung agiler und dynamischer Techniken (Design Thinking, Scrum etc.) bei DS-Umsetzung		●	○	●	○	●	●		●	●
		Individuelle Auswahl von Techniken und Methoden; welche Technik bzw. Methode ist dabei nebensächlich.	○		●		●					
	Abfolge	Sequenzieller Durchlauf der DS Phasen	○	○				○			○	
		Agile, kontinuierliche und iterative Gestaltung aller Phasen der DS-Entwicklung	○		●					○	●	
		Agile, kontinuierliche und iterative Gestaltung der DS-Umsetzung	○	●	●	●		●	●	●	●	●
		Zyklen der DS-Entwicklung sind länger (>1 Jahr), um Planbarkeit zu gewährleisten und Verunsicherungen zu vermeiden		●			●		●			●

● erfüllt
○ teilweise erfüllt
nicht erfüllt

DS: Digitalstrategie
US: Unternehmensstrategie

Vergleichstabellen zu Erkenntnissen aus Wissenschaft und Praxis (detailliert)

			F1	F2	F3	F4	F5	F6
Verständnis und Einordnung		Ableitung von eigenständiger DS von US		●	○		●	●
		DS-Anteil an US abhängig von digitaler Reife. Trennung nur während Transformationsprozess				●		
		Fokus sowohl „nach innen“ (Operational Excellence) als auch „nach außen“ (Customer Experience)	○	●		○	●	●
Erfolgsfaktoren und Verankerung	Kritische Faktoren	Erkennen des digitalen Wandels, des daraus folgenden Handlungsbedarfs inkl. Chancen	●	●		○	●	●
		Ganzheitlicher Ansatz statt Delegation an Abteilungen, sonst Aktivitäten- und Daten-Silos	●	○	●			
		Kulturelle(r) Transformation und Wandel	●			●		
		Überzeugte Geschäftsleitung mit Kompetenz, Risikobereitschaft und vollem Commitment	●			○	●	○
		Schnelligkeit und Einfachheit vor Perfektion und Komplexität						○
		„Richtiges“ und qualifiziertes Team		●	○			
		Breites Technologie-Knowhow	●		○		●	●
		Vor der Einführung digitaler Technologien müssen Voraussetzungen erfüllt sein: u. a. Prozesssicherheit, Fähigkeiten und Kultur etc.			●			

Organisatorische Verankerung	Aktivitäten der DS müssen maßgeblich durch die Geschäftsleitung vorangetrieben werden	●	●		●		
	Er- und Bearbeitung der DS eher durch parallele und autonome Strukturen, Abteilungen, Plattformen, Startups etc.		○	○			
	Er- und Bearbeitung der DS eher kontextuell und cross-funktional über vorhandene Linien-Organisation		○	○	○		
	Einsteuerung durch „Top-Down“-Ansatz		○			●	
	Einsteuerung durch „Bottom-Up“-Ansatz			○	○	●	
	Richtige organisatorische Verankerung ist unternehmensindividuell			○	○		●
Kulturelle Verankerung	Motivation durch bedingungslose Überzeugung und Vorleben durch die Geschäftsleitung	●	○				●
	Einbindung und gezielte Auswahl innovativer, unternehmerisch denkender Mitarbeiter		●		●		●
	Ausgeprägte Fehlerkultur (echtes „Trial-and-Error“) und Transparenz bei Entscheidungen			○			○
	Verankerung durch Verfolgung klassischer Change-Management-Prinzipien					●	

● erfüllt
○ teilweise erfüllt
nicht erfüllt

DS: Digitalstrategie
US: Unternehmensstrategie

			F1	F2	F3	F4	F5	F6
Vorgehensmodell	Bestandteile	Anlehnung an klassischem Strategieentwicklungsprozess (Leitbild, Analyse, Strategieentwicklung, Umsetzung)		●			●	●
		Orientierung an einem Ansatz zur Geschäftsmodellentwicklung	●		●			
		Individuelle Auswahl und Festlegung von Phasen und Aktivitäten; welche Phase und Aktivität ist dabei nebensächlich.				●		○
	Techniken	Anwendung klassischer und statischer Techniken (SWOT, Porter's 5 Forces, PESTEL etc.) bei DS-Entwicklung	○	○	●		●	●
		Anwendung agiler und dynamischer Techniken (Design Thinking, Scrum etc.) bei DS-Entwicklung	○		○	●		○
		Anwendung agiler und dynamischer Techniken (Design Thinking, Scrum etc.) bei DS-Umsetzung		●	○	●	●	
		Individuelle Auswahl von Techniken und Methoden. Welche ist dabei nebensächlich		●	●		○	○
	Abfolge	Sequenzieller Durchlauf der DS Phasen			●			
		Agile, kontinuierliche und iterative Gestaltung aller Phasen der DS-Entwicklung	○	●	●	●		○
		Agile, kontinuierliche und iterative Gestaltung der DS-Umsetzung	○	●	○	●		●
		Zyklen der DS-Entwicklung sind länger (>1 Jahr), um Planbarkeit zu gewährleisten und Verunsicherungen zu vermeiden		●			○	
		Zyklen der DS-Entwicklung sind branchen- und damit unternehmensindividuell.					●	●

● erfüllt
○ teilweise erfüllt
nicht erfüllt

DS: Digitalstrategie
US: Unternehmensstrategie

			B1	B2	B3	B4	B5	B6	B7
Verständnis und Einordnung		Ableitung von eigenständiger DS von US	○	●	●	●			
		DS-Anteil an US abhängig von digitaler Reife. Trennung nur während Transformationsprozess					●	○	●
		DS und US dasselbe				○		●	
		Fokus sowohl „nach innen" (Operational Excellence) als auch „nach außen" (Customer Experience)	○	●	●	●	○	●	●
		Fokus kann Schwerpunkt „nach innen" oder „nach außen" haben	●	●			○		
Erfolgsfaktoren und Verankerung Verankerung	Kritische Faktoren	Erkennen des digitalen Wandels, des daraus folgenden Handlungsbedarfs inkl. Chancen	●		●	○		○	○
		Ganzheitlicher Ansatz statt Delegation an Abteilungen, sonst Aktivitäten- und Daten-Silos			○	●	●	●	●
		Kulturelle(r) Transformation/Wandel	●		●				●
		Überzeugte Geschäftsleitung mit Kompetenz, Risikobereitschaft und vollem Commitment	○	●	○			●	●
		Schnelligkeit und Einfachheit vor Perfektion/ Komplexität						●	●
		„Richtiges" und qualifiziertes Team						○	

		B1	B2	B3	B4	B5	B6	B7
	Breites Technologie-Knowhow				●		○	
	Vor der Einführung digitaler Technologien müssen Voraussetzungen erfüllt sein: u. a. Prozesssicherheit, Fähigkeiten und Kultur etc.				●			
Organisatorische Verankerung	Aktivitäten der DS müssen maßgeblich durch die Geschäftsleitung vorangetrieben werden		●	○	●	●	○	
	Er- und Bearbeitung der DS eher durch parallele und autonome Strukturen, Abteilungen, Plattformen, Startups etc.	○	○	○				
	Er- und Bearbeitung der DS eher kontextuell und cross-funktional über vorhandene Linien-Organisation	○					○	●
	Einsteuerung durch „Top-Down"-Ansatz	○	●	●	●			
	Einsteuerung durch „Bottom-Up"-Ansatz					●	○	
	Richtige organisatorische Verankerung ist unternehmensindividuell				○		●	
Kulturelle Verankerung	Motivation durch bedingungslose Überzeugung und Vorleben durch die Geschäftsleitung			●			●	
	Einbindung und gezielte Auswahl innovativer, unternehmerisch denkender Mitarbeiter						●	
	Ausgeprägte Fehlerkultur (echtes „Trial-and-Error") und Transparenz bei Entscheidungen					●	○	●
	Verankerung durch Verfolgung klassischer Change-Management-Prinzipien	●					○	○

● erfüllt
○ teilweise erfüllt
nicht erfüllt

DS: Digitalstrategie
US: Unternehmensstrategie

			B1	B2	B3	B4	B5	B6	B7
Vorgehensmodell	Bestandteile	Anlehnung an klassischem Strategieentwicklungsprozess (Leitbild, Analyse, Strategieentwicklung, Umsetzung)		●	●	●	○		
		Orientierung an einem Ansatz zur Geschäftsmodellentwicklung	●						○
		Anlehnung an PDCA-Zyklus und Demming Kreis (Plan, Do, Check, Act)						●	○
		Individuelle Auswahl und Festlegung von Phasen und Aktivitäten. Welche ist dabei nebensächlich					○		
	Techniken	Anwendung klassischer und statischer Techniken (SWOT, Porter's 5 Forces, PESTEL etc.) bei DS-Entwicklung		●		●			
		Anwendung agiler und dynamischer Techniken (Design Thinking, Scrum etc.) bei DS-Entwicklung	○	○			○	●	○
		Anwendung agiler und dynamischer Techniken (Design Thinking, Scrum etc.) bei DS-Umsetzung	○	○		○	○		○
		Individuelle Auswahl von Techniken und Methoden. Welche ist dabei nebensächlich				●	○		
	Abfolge	Sequenzieller Durchlauf der DS Phasen	●		○	●		●	
		Agile, kontinuierliche und iterative Gestaltung aller Phasen der DS-Entwicklung	●		●		●	●	○
		Agile, kontinuierliche und iterative Gestaltung der DS-Umsetzung	●	○		○	○	●	○
		Zyklen der DS-Entwicklung sind länger (>1 Jahr), um Planbarkeit zu gewährleisten und Verunsicherungen zu vermeiden		●		●			

● erfüllt
○ teilweise erfüllt
nicht erfüllt

DS: Digitalstrategie
US: Unternehmensstrategie

Vergleichstabelle zu Techniken bestehender Ansätze

	Leitbild	Analyse	Strategiefestlegung	Umsetzung
Kraewing (2017)	• Workshops • Best-Practice und Benchmark	• Wertschöpfungskette • Workshops • Marktforschung • Rahmenbedingungsanalyse • Porter's 5 Forces • Checkliste	• Generische Optionen (Porter) • SWOT-Analyse • Stufenmodell zur digitalen Reife • Checkliste	•Phasen der Transformation
Greiner et al. (2017)	• Best-Practice und Benchmark	• Digital Maturity • Assessment • Digitalization Framework • SWOT-Analyse	• 7-K Modell • Heatmap • Balanced Scorecard	• Wirtschaftlichkeitsrechnung
Rauser (2016)	• Interviews	• Asset Sheet • Business Objectives Map	• SWOT-Analyse • Business Objectives • Asset Map	• Agiles Projektmanagement • Iterativer Prozess • UX Process • KPI Map • Lead-Nurturing • Funnel
Peppard und Ward (2016)	-	• Organisational Model • Technologie Strategie Radar • Balanced Score Card • Critical Sucess Factor Analyse • IS- und IT-Innovationsprozess • Porter's 5 Forces • PESTEL-Analyse • Business Portfolio und Wettbewerbsstrategie-Analyse • Customer-Matrix	• Application Portfolio • Framework for determining the business IS strategy	-

Petry (2016)	-	• Fokus-Matrix	• Business Model Canvas • Workshops	• Lean Startup • Scrum • Partizipative Work-shops • Two Speed IT • Social Forecasting • Design Thinking
Cordon et al. (2016)	-	• Ökosystem-Matrix • Chancen- und Risiken-Matrix • Must-Win-Battles	• Business Model Canvas • Profit Formula	• Lean Startup
Hille et al. (2016)	-	-	• Best-Practice und Benchmark	-
Bharadwaj et al. (2013)	-	-	-	-

Literatur

accenture. (2015). *Digitalisierungsstrategien der deutschen Top500*. Kronberg im Taunus: accenture strategy.

Andrews, K. R. (1980). *The concept of corporate strategy*. Homewood: Irwin.

Ansoff, H. I. (1965). *Corporate strategy: An analytic approach to business policy for growth and expansion*. New York: McGraw-Hill.

Beratung für Multichannel-Händler (2018). Industry Head, Bereich Retail. *Telefoninterview zu Digitalstrategien*. Interviewed von J. Lohse (20.03.2018). Hamburg.

Berghaus, S., & Back, A. (2016). Stages in digital business transformation: Results of an empirical maturity study. In *Tenth Mediterranean conference on information systems (MCIS)*. 4.–6. September 2016, Paphos.

Bharadwaj, A., El Sawy, O. A., Pavlou, P. A., & Venkatraman, N. (2013). Digital business strategy: Toward a next generation of insights. *MIS Quarterly, 37*, 471–482.

Borucki, L. (1985). *Grundlagen der Digitaltechnik* (2. Aufl.). Wiesbaden: Vieweg+Teubner.

Chaffey, D. (2015). *Digital business and E-commerce management: Strategy, implementation and practice* (6. Aufl.). Harlow: Pearson Education Limited.

D. R. A. Schallmo, J. Lohse, *Digitalstrategien erfolgreich entwickeln*, https://doi.org/10.1007/978-3-658-31242-8

Chandler, A. D. (1962). *Strategy and structure: Chapters in the history of the industrial enterprise* (MIT Press research monographs). Cambridge: MIT Press.

Cordon, C., Garcia-Milà, P., Ferreiro Vilarino, T., & Caballero, P. (2016). *Strategy is digital: How companies can use big data in the value chain* (Management for professionals). Cham: Springer.

Drucker, P. F. (1954). *The practice of management*. New York: Harper & Brothers.

EFQM. (2012). *EFQM Excellence Modell 2013: Deutsche Ausgabe* (EFQM Publications). Brüssel: EFQM.

Fachhochschule Flensburg. (2018). Professor für Digital Business & Strategic Innovation Management. *Telefoninterview zu Digitalstrategien.* Interviewed von J. Lohse (20.03.2018). Flensburg.

Fachhochschule Oberösterreich. (2018). Professorin für Strategie und Innovation. *Telefoninterview zu Digitalstrategien.* Interviewed von J. Lohse (11.04.2018). Linz.

Fiduiter Consulting. (2018). Geschäftsführender Inhaber. *Interview zu Digitalstrategien.* Interviewed von J. Lohse (17.03.2018). Ottobrunn.

Flughafen Hamburg GmbH. (2018). Referentin für digitale Transformation/ Digital Airport Experience. *Interview zu Digitalstrategien.* Interviewed von J. Lohse (10.04.2018). Hamburg.

Fraunhofer IAO. (2016). Digital Roadmapping: Entwicklung einer Digitalen Unternehmensvision und einer Digitalstrategie, Fraunhofer IAO. https://www.hci.iao.fraunhofer.de/de/leistungsangebot/Digitalisierung/Digitalisierungsberatung/Digital_Roadmapping.html. Zugegriffen am 02.09.2019.

Fraunhofer IAO e.V. (2018). Leiter Digitale Strategien. *Telefoninterview zu Digitalstrategien.* Interviewed von J. Lohse (13.03.2018). Karlsruhe.

Greiner, O., Riepl, P., & Kittelberger, D. (2017). Die digitale Strategie – der Wegweiser zur systematischen Digitalisierung des Unternehmens. In M. Kieninger (Hrsg.), *Digitalisierung der Unternehmenssteuerung: Prozessautomatisierung, Business Analytics, Big Data, SAP S/4HANA, Anwendungsbeispiele* (S. 19–32). Stuttgart: Schäffer-Poeschel.

Henderson, B. D. (1989). The origin of strategy. *Harvard Business Review, 67*, 139–143.

Hess, T., & Brecht, L. (1996). *State of the Art des Business Process Redesign: Darstellung und Vergleich bestehender Methoden* (2. Aufl.). Wiesbaden: Gabler.

Heuermann, R., Tomenendal, M., & Bressem, C. (2018). *Digitalisierung in Bund, Ländern und Gemeinden: IT-Organisation, Management und Empfehlungen*. Berlin: Springer Gabler.

Hille, M., Janata, S., & Michel, J. (2016). Digitalisierungsleitfaden: Ein Kompendium für Entscheider im Mittelstand im Auftrag der QSC AG. *Crisp Research AG*.

Hinssen, P. (2015). *The network always wins: How to influence customers, stay relevant, and transform your organization to move faster than the market*. New York: McGraw-Hill.

Hippmann, S., Klingner, R., & Leis, M. (2018). Digitalisierung – Anwendungsfelder und Forschungsziele. In R. Neugebauer (Hrsg.), *Digitalisierung: Schlüsseltechnologien für Wirtschaft und Gesellschaft* (1. Aufl., S. 9–18). Berlin/Heidelberg: Springer.

Hochschule für Wirtschaft und Recht Berlin. (2018). Professor für allgemeine BWL und Controlling. *Telefoninterview zu Digitalstrategien*. Interviewed von J. Lohse (21.03.2018). Berlin.

Hochschule Neu-Ulm. (2018). Professor und Direktor am „Institut Digitale Transformation". *Telefoninterview zu Digitalstrategien*. Interviewed von J. Lohse (03.04.2018). Neu-Ulm.

HSBA Hamburg School of Business Administration. (2018). Professor und Head of Media & IT Department. *Interview zu Digitalstrategien*. Interviewed von J. Lohse (19.03.2018). Hamburg.

Hungenberg, H. (2012). *Strategisches Management in Unternehmen: Ziele – Prozesse – Verfahren* (7. Aufl.). Wiesbaden: Springer Gabler.

i-SCOOP. (2017). Digitization, digitalization and digital transformation: The differences, i-SCOOP. https://www.i-scoop.eu/digitization-digitalization-digital-transformation-disruption/. Zugegriffen am 02.09.2019.

ITIZZIMO AG. (2018). 8 Tipps für eine wirklich erfolgreiche Digitalstrategie, ITIZZIMO AG. https://www.itizzimo.com/8-tipps-digitalstrategie/. Zugegriffen am 02.09.2019.

Johannes-Kepler-Universität Linz. (2018). Professor und Abteilungsleiter B2B-Marketing. *Telefoninterview zu Digitalstrategien*. Interviewed von J. Lohse (14.03.2018). Linz.

Johnson, G., Scholes, K., & Whittington, R. (2008). *Exploring corporate strategy: Text & cases* (8. Aufl.). Harlow: Financial Times Prentice Hall.

Kaplan, R. S., & Norton, D. P. (2009). *Der effektive Strategieprozess: Erfolgreich mit dem 6-Phasen-System* (1. Aufl.). Frankfurt a. M.: Campus.

Killing, P., Malnight, T., & Keys, T. (2006). *Must-win Battles: How to win them, again and again* (1. Aufl.). Upper Saddle River: Pearson Education, Inc.

Knoll, M., & Strahinger, S. (2017). *IT-GRC-Management – Governance, Risk und Compliance: Grundlagen und Anwendungen* (Edition HMD, 1. Aufl.). Wiesbaden: Springer.

kobaltblau Management Consultants GmbH. (2018). Senior Manager. *Telefoninterview zu Digitalstrategien.* Interviewed von J. Lohse (19.03.2018). München.

Koch, V., Geissbauer, R., Schrauf, S., & Kuge, S. (2014). Industrie 4.0: Chancen und Herausforderungen der vierten industriellen Revolution. *PricewaterhouseCoopers.*

Kraewing, M. (2017). *Digital Business Strategie für den Mittelstand: Entwicklung und Konzeption mit internationaler Ausrichtung* (1. Aufl.). Freiburg/München/Stuttgart: Haufe.

Lichtblau, K., Stich, V., Bertenrath, R., Blum, M., Bleider, M., Millack, A., Schmitt, K., Schmitz, E., & Schröter, M. (2015). *Industrie 4.0-Readiness.* Frankfurt/Aachen/Köln: IMPULS-Stiftung/FIR e.V. an der RWTH Aachen/Institut der deutschen Wirtschaft Köln Consult GmbH.

Malnight, T., Keys, T., & van der Graaf, K. (2013). *Ready? The 3Rs of preparing your organization for the future* (1. Aufl.). Rivaz: Strategy Dynamics Global.

Management Angels GmbH. (2018). Senior Consultant Innovation und Digitalisierung. *Telefoninterview zu Digitalstrategien.* Interviewed von J. Lohse (13.03.2018). Langenargen.

Mintzberg, H. (1979). *The structuring of organizations: A synthesis of the research.* London: Prentice-Hall.

Oliver Wyman GmbH. (2018). Partner digital, technology & analytics. *Telefoninterview zu Digitalstrategien.* Interviewed von J. Lohse (04.04.2018). Berlin.

Österle, H., & Winter, R. (2003). *Business Engineering: Auf dem Weg zum Unternehmen des Informationszeitalters* (Business engineering, 2. Aufl.). Berlin/Heidelberg: Springer.

Osterwalder, A., & Pigneur, Y. (2010). *Business model generation: A handbook for visionaries, game changers, and challengers* (1. Aufl.). New York: Wiley.

Peppard, J., & Ward, J. (2016). *The strategic management of information systems: Building a digital strategy* (4. Aufl.). New York: Wiley.

Pepperl+Fuchs GmbH. (2018). Leiter Globale IoT/I4.0 Projekte. *Telefoninterview zu Digitalstrategien.* Interviewed von J. Lohse (05.04.2018). Mannheim.

Petry, T. (2016). *Digital Leadership: Erfolgreiches Führen in Zeiten der Digital Economy* (1. Aufl.). München: Haufe.

Porter, M. E. (1996). What is strategy? *Harvard Business Review, 74*, 61–78.

Porter, M. E. (2004a). *Competitive advantage: Creating and sustaining superior performance* (1. Aufl.). New York: Free Press.

Porter, M. E. (2004b). *Competitive strategy: Techniques for analyzing industries and competitors* (1. Aufl.). New York: Free Press.

PricewaterhouseCoopers GmbH. (2018). Associate digital transformation. *Telefoninterview zu Digitalstrategien.* Interviewed von J. Lohse (18.04.2018). Frankfurt a. M.

PSI Automotive & Industry GmbH. (2018). Leiter product marketing/strategic business development. *Telefoninterview zu Digitalstrategien.* Interviewed von J. Lohse (15.03.2018). Berlin.

Rauser, A. (2016). *Digital strategy: A guide to digital business transformation.* North Charleston: CreateSpace Independent Publishing Platform.

Rossmann, A., Schäfer, D., Vogel, R., & Wichmann, K. S. (2015). *Digital transformation report 2015.* Köln: WirtschaftsWoche & neuland GmbH & Co. KG.

Samulat, P. (2016). *Top-Down zum Digitalen Unternehmen: Handlungsempfehlungen für die erfolgreiche Transformation.* Norderstedt: Books on Demand.

Schaeffler Technologies AG & Co. KG. (2018). Director digital business innovation/digital transformation. *Telefoninterview zu Digitalstrategien.* Interviewed von J. Lohse (12.04.2018). Herzogenaurach.

Schallmo, D. (2016). Digitale Transformation von Geschäftsmodellen: Beispiele und Roadmap für die Digitale Transformation. *GfPM Magazin, 6*, 1–3.

Schallmo, D. (2019). *Jetzt digital transformieren: So gelingt die erfolgreiche digitale Transformation Ihres Geschäftsmodells* (Essentials, 2. Aufl.). Wiesbaden: Springer Gabler.

Schallmo, D., & Herbort, V. (2017). Roadmap zur digitalen Transformation in der Energiewirtschaft: So gelingt der Wandel vom Versorger zum Utility 4.0-Anbieter. In O. D. Doleski (Hrsg.), *Herausforderung Utility 4.0: Wie sich die Energiewirtschaft im Zeitalter der Digitalisierung verändert* (S. 43–68). Wiesbaden: Springer Vieweg.

Schallmo, D., & Lohse, J. (2020). Digitalstrategie: Grundlagen, bestehende Ansätze und Vorgehensmodell. In O. D. Doleski (Hrsg.), *Realisierung Utility 4.0 Band 1: Praxis der digitalen Energiewirtschaft von den Grundlagen bis zur Verteilung im Smart Grid* (1. Aufl., S. 79–95). Wiesbaden: Springer Vieweg.

Schallmo, D., & Rusnjak, A. (2017). Roadmap zur Digitalen Transformation von Geschäftsmodellen. In D. Schallmo, A. Rusnjak, J. Anzengruber, T. Werani, & M. Jünger (Hrsg.), *Digitale Transformation von Geschäftsmodellen: Grundlagen, Instrumente und Best Practices* (Schwerpunkt Business Model Innovation, S. 1–31). Wiesbaden: Springer Gabler.

Schallmo, D., & Williams, C. A. (2017). Digital transformation of business models – Best practies and roadmap. *Proceedings of the XXVIII ISPIM innovation conference: „Composing the innovation symphony"*. 18.–21. Juni 2017, Wien.

Schallmo, D., & Williams, C. A. (2018). *Digital transformation now!: Guiding the successful digitalization of your business model.* Cham: Springer International Publishing.

Schallmo, D., Lang, K., & Plechaty, M. (2017a). Digitale Transformation von Geschäftsmodellen: Ein praxisorientierter Ansatz für die erfolgreiche Gestaltung. *Industrie 4.0 Management, 33*(3), 78–82.

Schallmo, D., Williams, C. A., & Boardman, L. (2017b). Digital transformation of business models: Best practice, enablers, and roadmap. *International Journal of Innovation Management, 8*, 1740014-1-17.

Schallmo, D., Reinhart, J., & Kuntz, E. (2018a). *Digitale Transformation von Geschäftsmodellen erfolgreich gestalten: Trends, Auswirkungen und Roadmap* (Schwerpunkt Business Model Innovation). Wiesbaden: Springer Gabler.

Schallmo, D., Williams, C. A., & Lohse, J. (2018b). Clarifying digital strategy – Detailed literature review of existing approaches. In *XXIX ISPIM innovation conference: Innovation, the name of the game* (17.06.2018). Stockholm.

Schallmo, D., Williams, C. A., & Lohse, J. (2019a). Digital strategy: Integrated approach and generic options. *International Journal of Innovation Management (IJIM). World Scientific Publishing Europe Ltd., 23*(8), 1–24.

Schallmo, D., Williams, C. A., & Lohse, J. (2019b). Digital strategy: Integrated approach and generic options. In *XXX ISPIM innovation conference: Celebrating innovation: 500 years Since da Vinci* (16.06.2019). Florenz.

Schawel, C., & Billing, F. (2018). *Top 100 Management Tools: Das wichtigste Buch eines Managers. Von ABC-Analyse bis Zielvereinbarung* (6. Aufl.). Wiesbaden: Springer Fachmedien Wiesbaden.

Schumacher, A., Erol, S., & Sihn, W. (2016). A maturity model for assessing Industry 4.0 readiness and maturity of manufacturing enterprises. *Procedia Cirp, 52*, 161–166.

Siemens AG (2018). Head of portfolio management digital platforms. *Telefoninterview zu Digitalstrategien.* Interviewed von J. Lohse (10.04.2018). Orsingen-Nenzingen.

Steiner, G. A., & Miner, J. B. (1977). *Management policy and strategy: Text, readings, and cases.* New York: Macmillan.

Sternad, D. (2015). *Strategieentwicklung kompakt: Eine praxisorientierte Einführung.* Wiesbaden: Springer Gabler.

Thonabauer, C. M. (2003). *Strategische e-Business-Planung: Entwicklung eines Vorgehensmodells* (1. Aufl.). Lohmar: Eul.

Turban, E., Volonino, L., & Wood, G. R. (2015). *Information technology for management: Digital strategies for insight, action and sustainable performance* (10. Aufl.). Hoboken: Wiley.

Unternehmen für Finanzdienstleistungen. (2018a). Chief Commercial Officer. *Telefoninterview zu Digitalstrategien.* Interviewed von J. Lohse (23.03.2018). Frankfurt a. M.

Unternehmen für Finanzdienstleistungen. (2018b). Vice President Business Development & Innovation Management. *Telefoninterview zu Digitalstrategien.* Interviewed von J. Lohse (13.04.2018). Hamburg.

Unternehmen für Friseurdienstleistungen. (2018). Geschäftsführender Inhaber. *Telefoninterview zu Digitalstrategien.* Interviewed von J. Lohse (13.04.2018). Esslingen.

Unternehmen für Heiz-, Lüftungs- und Energietechnik. (2018). Ehem. Director Digital Transformation. *Telefoninterview zu Digitalstrategien.* Interviewed von J. Lohse (29.03.2018). Bochum.

Valdez-de-Leon, O. (2016). A digital maturity model for telecommunications service providers. *Technology Innovation Management Review, 6,* 19–32.

Welge, M. K., & Al-Laham, A. (2001). *Strategisches Management: Grundlagen – Prozess – Implementierung* (3. Aufl.). Wiesbaden: Gabler.

Westerman, G., Calméjane, C., Bonnet, D., Ferraris, P., & McAfee, A. (2011). Digital transformation: A road-map for Billion-Dollar organizations. *Capgemini Consulting & MIT Center for Digital Business,* Report, Paris/ Cambridge.

Wolf, T., & Strohschen, J. -H. (2018). Digitalisierung: Definition und Reife: Quantitative Bewertung der digitalen Reife. *Informatik-Spektrum.* Berlin/ Heidelberg.

Zweites Deutsches Fernsehen (ZDF) AöR. (2018). Head of Digital Strategy. *Telefoninterview zu Digitalstrategien.* Interviewed von J. Lohse (27.03.2018). Mainz.

Druck:
Customized Business Services GmbH
im Auftrag der
KNV Zeitfracht GmbH
Ein Unternehmen der Zeitfracht - Gruppe
Ferdinand-Jühlke-Str. 7
99095 Erfurt